3D打印技术与成形工艺

3D DAYIN JISHU YU CHENGXING GONGYI

主　编　门正兴　白晶斐　银　赢

副主编　董　洁　樊小西

　　　　汪成功　程明远

主　审　刘辉林　燕杰春

重庆大学出版社

──── 内容提要 ────

本书根据 3D 打印主流成形工艺，从 FDM、SLA、SLM、Polyjet 等多种成形工艺角度较为系统地阐述了 3D 打印技术与成形工艺的原理、分类、主流设备结构、材料、工作流程等内容，从 3D 打印在汽车、航空航天等经典应用场景作了案例展示，并结合增材设备操作员新职业赛事，让读者了解相关职业知识和能力要求，希望能够对广大 3D 打印学习者有所帮助。

图书在版编目（CIP）数据

3D 打印技术与成形工艺 / 门正兴，白晶斐，银赢主编. -- 重庆：重庆大学出版社，2022.7（2024.2 重印）
（3D 打印技术应用丛书）
ISBN 978-7-5689-3409-1

Ⅰ.① 3… Ⅱ.①门… ②白… ③银… Ⅲ.①快速成型技术 Ⅳ.① TB4

中国版本图书馆 CIP 数据核字（2022）第 111460 号

3D 打印技术与成形工艺

主　编　门正兴　白晶斐　银　赢
副主编　董　洁　樊小西　汪成功　程明远
主　审　刘辉林　燕杰春
策划编辑：鲁　黎

责任编辑：陈　力　版式设计：鲁　黎
责任校对：王　倩　责任印制：张　策

*

重庆大学出版社出版发行
出版人：陈晓阳
社址：重庆市沙坪坝区大学城西路 21 号
邮编：401331
电话：（023）88617190　88617185（中小学）
传真：（023）88617186　88617166
网址：http://www.cqup.com.cn
邮箱：fxk@cqup.com.cn（营销中心）
全国新华书店经销
重庆亘鑫印务有限公司印刷

*

开本：787mm×1092mm　1/16　印张：12.5　字数：299 千
2022 年 7 月第 1 版　2024 年 2 月第 2 次印刷
印数：2 001—4 000
ISBN 978-7-5689-3409-1　定价：48.00 元

/编委会/

■ 前　言

　　前沿科技层出不穷，如耳熟能详的人工智能、区块链、AR 与 VR 技术、人机接口等，哪一种技术既"亲民"，又能在火星探测器、歼 20 等尖端设备上使用呢？无疑就是 3D 打印技术。其实，3D 打印技术潜移默化地影响着人们的日常生活，如每款新车的研发都用到了 3D 打印快速制造的零件、商店中的精美首饰多数也采用 3D 打印蜡模浇铸成形，而矫形牙套和义齿大部分也都采用 3D 打印制造技术生产。

　　3D 打印技术的原理并不复杂，就是将复杂三维实体变成二维简单图形，然后层层叠加成形最终的零件。这个过程对人们并不陌生，燕子筑巢、蜂窝结构、大树的年轮、贝壳、盖房子的过程，这些过程统称为增材制造。随着计算机技术的发展，计算机帮助人们实现了三维实体到二维图像的转化，又将二维的图像转化为设备可以识别的代码并指挥设备完成层层叠加。3D 打印成为一种与锻造、铸造、焊接、数控加工并驾齐驱的材料成形方法。它既可以打印玩具，也可以打印一幢完整的建筑，甚至可以在航天飞机中给宇航员打印任何所需的物品。随着物联网、云计算、大数据等技术的不断成熟和广泛应用，"中国制造 2025""工业 4.0"等工业发展战略已然兴起，推动了工业机器人、3D 打印等智能制造产业的发展。我国是全球最大的工业生产国，随着国家政策的扶持和企业需求的扩大，未来 3D 打印将在我国工业生产制造中扮演重要的角色。

　　本书系统地介绍了 3D 打印技术，使学生对 3D 打印技术在目前的大环境下所涉及的前沿技术领域和最新科技成果有全面的认识，着重培养学生基于增材制造的创新思维，拓展学生的创新设计能力。

3D 打印技术与其他材料成形技术最大的区别就是"想到即做到"，本书编写过程中力求体现理论结合实际的特色，并注重新技术的普及与推广。本书编写模式新颖，采用团队通力协作、校企深度合作的模式完成。

全书共 7 个模块，由门正兴、白晶斐、银赢担任主编，董洁、樊小西、汪成功、程明远担任副主编。全书由刘辉林、燕杰春主审。

3D 打印技术涉及众多学科，发展日新月异，由于编者水平有限，书中难免存在疏漏之处，恳请读者批评指正。

编　者

2022 年 1 月

目　录

模块一 熔融沉积成形（FDM）工艺

本模块主要围绕FDM成形工艺展开学习，包含成形工艺的原理及特点、成形材料，并从3个维度来学习FDM成形工艺的应用，即3D打印笔成形应用实践、桌面级3D打印成形应用实践、工业级3D打印成形应用案例。

模块目标

1. 了解 3D 打印的基本原理。
2. 掌握 3D 打印笔和桌面级打印机的操作方法。
3. 能够运用 FDM 成形技术打印简单零件（包含设计、前处理、打印、后处理）。

学习地图

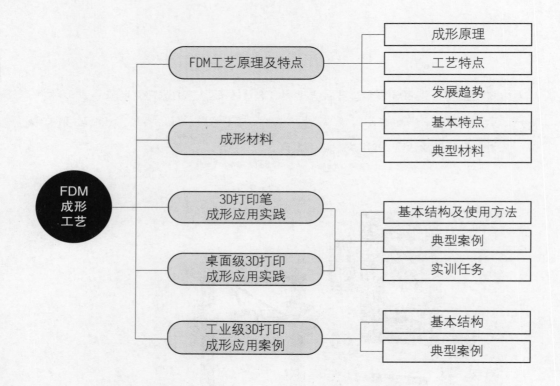

建议学时

20 学时。

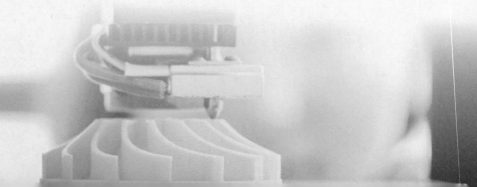

单元 1　FDM 工艺原理及特点

单元结构

- 问题导入
- 认知学习
  - FDM 的概念
  - FDM 成形原理
  - FDM 设备工作原理及成形过程
- 拓展深化
- 分析与评价

单元目标

1. 了解 3D 打印的起源和发展。
2. 了解 FDM 工艺成形原理。
3. 熟悉 FDM 设备工作原理及成形过程。
4. 理解 FDM 成形工艺参数。
5. 了解 FDM 成形工艺特点。

问题导入

　　人们可以使用普通打印机将计算机中存储的文件或二维图片打印在纸上，那是否可由 3D 打印机来打印立体物品呢？

　　在生活中，人们使用手机的时间越来越多，需要一个简约、易用、舒适的手机支架（图 1.1.1）。目前市场上的手机支架，有的价格很便宜，没有个性；有创意、适用的手机支架价格又太高，不能满足每个人的个性化需求。

　　采用 3D 打印技术可以轻松地打印一个属于自己的、独一无二的手机支架，支架上可以有使用者名字，可以随时更新设计和颜色，还可以作为礼物送给朋友（图 1.1.2）。当然，也可以在网络或实体店等将 3D 打印产品进行售卖，将创意变成财富。

图 1.1.1 常见手机支架

手机支架模型

图 1.1.2 3D 打印手机支架

认知学习

一、FDM 的概念

熔融沉积成形（Fused Deposition Modeling），又称熔丝沉积成形，简称 FDM。FDM 方法成形过程如图 1.1.3 所示，一般为热熔性塑料制成的丝状材料［图 1.1.3（a）］，被加热到 200 ℃左右显熔融状态，然后通过带有一个微细喷嘴的喷头挤喷出来［图 1.1.3（b）］；喷出的热熔材料涂在前一层已固化的材料上，温度低于固化温度后开始黏结固化，通过材料的层层堆积形成最终成品［图 1.1.3（c）］。FDM 成形工艺由美国学者 Scot C 博士于 1988 年提出，1993 年由美国 Stratasys 公司推出了第一代 FDM 工业设备。

（a）成形原材料　　　（b）成形过程　　　（c）成形零件

图 1.1.3 FDM 成形过程

现实生活中人们经常有制作单个及小批量零件的需求，常见的场景包括：

①工业产品设计初期，设计方案需要制造实物并反复修改。

②个人 DIY。

③小朋友及学生的动手创造。

④设备零件损坏，急需部件。

传统的单个及小批量零件生产对个人的动手能力要求很高，制造材料仅限于木头、塑性泥等简单材料，生产的零件往往比较粗糙，生产时间也较长（图 1.1.4）。

FDM 技术简介
视频

图 1.1.4　传统手工制作

FDM 技术是目前应用较为广泛的 3D 打印技术，也是迄今为止较容易获取的 3D 打印工艺。FDM 3D 打印技术根据数字模型预设的轨迹，自下而上逐层构建出具有复杂结构、优秀的机械性能的塑料零件，让人们头脑中的创意转变为真实的零件，让人们的梦想更加接近现实（图 1.1.5）。

（a）3D 打印笔　　　　　（b）桌面级　　　　　（c）工业级

图 1.1.5　FDM 成形塑料零件

二、FDM 成形原理

所有 3D 打印技术（增材制造）的基本原理都是将三维实体转化为二维平面后层层堆积形成最终的零件，采用不同原材料（金属、塑料、沙子、石膏）、不同材料的形式（丝材、粉材、板材、液态材料等）以及不同的材料结合方式（激光烧结、黏接、焊接）构成了各种各样不同的 3D 打印方法。

FDM 成形原理：丝状低熔点材料在加热熔化后由喷头挤出，挤出后的材料与已凝固的材料黏接后形成片状材料，片状材料层层堆叠最终形成零件（图 1.1.6）。

加热喷头在计算机的控制下，可根据截面轮廓的信息，做 $X-Y$ 平面运动和高度 Z 方向的运动。丝状热塑性材料（如 ABS 及 MABS 塑料丝、蜡丝、聚烯烃树脂、尼龙丝、聚酰胺丝）

由供丝机构送至喷头，并在喷头中加热至熔融态，然后被选择性地涂覆在工作台上，快速冷却后形成截面轮廓。一层截面完成后，喷头上升一截面层的高度，再进行下一层的涂覆。如此循环，最终形成三维产品。未经后处理的 FDM 成形零件表面有明显的成形纹路，根据纹路的方向，可以清楚知道零件的成形方向（图 1.1.7）。

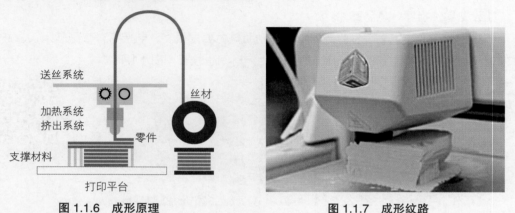

图 1.1.6 成形原理　　　　　　　　　图 1.1.7 成形纹路

FDM 成形原理微课

三、FDM 设备工作原理及成形过程

（一）FDM 设备工作原理

所有的 3D 打印成形过程都如图 1.1.8 所示，FDM 设备工作原理如图 1.1.9 所示。

图 1.1.8 3D 打印成形过程

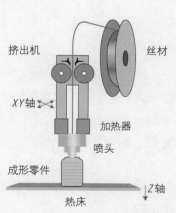

图 1.1.9 FDM 设备工作原理

将实心丝状原材料缠绕在供料辊上，由电动机驱动辊子旋转，辊子和丝材之间的摩擦力使丝材向喷头的出口送进。在供料辊和喷头之间有一导向套，导向套采用低摩擦材料制成，以便丝材能顺利、准确地由供料辊送到喷头的内腔（最高送料速度为 10 ~ 25 mm/s，推荐速度为 5 ~ 18 mm/s）。

喷头的前端有电阻式加热器，在其作用下，丝材被加热熔融，然后通过出口涂覆至工作台上，并在冷却后形成截面轮廓。受结构的限制，加热器的功率不可能太大，丝材熔融沉积的层厚随喷头的运动速度而变化，通常最大层厚为 0.15 ~ 0.25 mm。

（二）FDM 系统组成

FDM 系统主要由送丝系统、加热系统、挤出系统、运动系统 4 个部分组成，如图 1.1.10 所示。

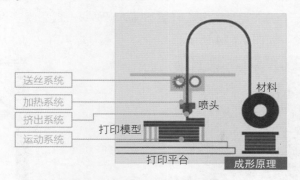

图 1.1.10　FDM 系统的组成

1. 送丝系统

送丝系统是将丝材平稳、可靠地输送到挤出系统，它的主要功能是为挤出提供推力，控制挤出速度。送丝系统一般由两台直流电动机带动相关齿轮构成，其示意图及实物图如图 1.1.11 所示。通过控制齿轮的正反转、停止及旋转速度，可以控制喷头进料、出料，出丝速度。

2. 加热系统

FDM 设备一般拥有两套加热系统，一套设置在喷嘴前端，用于将热塑性材料快速加热到熔融状态。由于热塑性材料的加热温度为 200 ℃左右，因此一般采用电阻加热方法，如图 1.1.12 所示。FDM 设备的另一套加热装置为基板加热或整个成形环境加热，加热温度一般为 30 ~ 60 ℃，主要作用是减少零件变形，避免翘曲、开裂等。

图 1.1.11　送丝系统
（图片来源于创想三维）

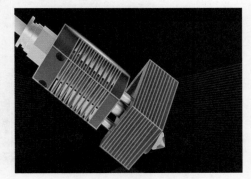

图 1.1.12　加热系统
（图片来源于创想三维）

3. 挤出系统

挤出系统主要由喷嘴组成。FDM 成形的原材料一般是直径为 1 ~ 2 mm 的塑料丝材，在成形过程中一般单层厚度为 0.16 mm 左右，需要将热塑性材料加热到 200 ℃后从直径为

0.2 ~ 0.5 mm 的喷嘴挤出。挤出系统的示意图及实物图如图 1.1.13 所示。

4. 运动系统

FDM 成形三维实体的过程：首先成形 *X/Y* 平面薄片，然后通过喷头或基板在 *Z* 方向的移动进行下一个 *X/Y* 平面薄片成形。运动机构包括 *X*、*Y*、*Z* 三个轴的运动。不同的 FDM 成形设备实现 *X*、*Y*、*Z* 三个方向运动的方式有所不同，桌面级一般采用基板进行 *X*、*Y* 平面运动，喷嘴进行 *Z* 方向运动，如图 1.1.14 所示。

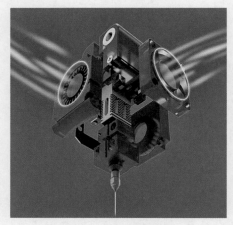

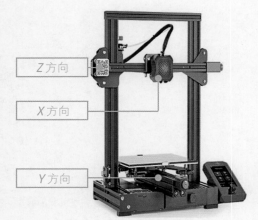

图 1.1.13　挤出系统

（图片来源于创想三维）

图 1.1.14　运动系统

（三）FDM 典型设备

FDM 典型设备包括 3D 打印笔、桌面级 FDM 打印机以及工业级 FDM 打印机 3 种。

1. 3D 打印笔

3D 打印笔是一支可以在空气中书写的笔，帮人们把想象力从纸张上解放出来，是目前较为简单和廉价的 3D 打印工具（图 1.1.15）。

3D 打印笔

（蝴蝶）案例

图 1.1.15　3D 打印笔

2. 桌面级 FDM 打印机

桌面级 FDM 打印机成形零件尺寸为 250 mm×250 mm×300 mm 左右，能够满足普通人 DIY 和学生学习的基本需求，是一般学校教学、个人研究的主要设备。如图 1.1.16 所示为创想三维的 Ender-3 打印机，其参数见表 1.1.1。

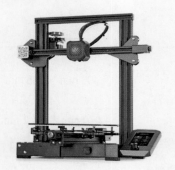

图 1.1.16　创想三维的 Ender-3 打印机

表 1.1.1　产品参数

产品尺寸： 475 mm×470 mm×620 mm	打印层厚： 0.1 ~ 0.4 mm
打印尺寸： 220 mm×220 mm×250 mm	打印耗材： PLA/TPU/PETG
成形技术： FDM	计算机操作系统： MAC/WindowsXP
产品净重： 7.8 kg	切片软件： Simplify3d/Cura
产品毛重： 9.6 kg	打印精度： ±0.1 mm
热床温度： ≤ 100°	耗材直径： 1.75 mm

3. 工业级 FDM 打印机

与桌面级 FDM 打印机不同，工业级 FDM 打印机可以将 3D 打印技术与生产级热塑性塑料结合，快速成形具有较高尺寸精度和可重复性的高强度、耐用、尺寸稳定的部件，用于航天、医疗、汽车、电子和其他专业。如图 1.1.17 所示为 Stratasys 公司的 Fortus 450 mc，其产品参数见表 1.1.2。

图 1.1.17　工业级 FDM 打印机

工业级 FDM 打印机使用常用的热塑性塑料制造零件，如 ABS、聚碳酸酯、各种共混物，以及工程热塑性塑料。

表 1.1.2　产品参数

名　称	范　围	
构建尺寸	406 mm×355 mm×406 mm 双喷头	
系统尺寸	1 270 mm×901.7 mm×1 984 mm	
质量	601 kg	
零件精确度	生产部件精确度在以下范围内：±0.127 mm 或 ±0.001 5 mm，以较高者为准	
材料选择	ABS-M30 ABS-M30i ABS-ESD7 Antero 800NA ASA PC-ISO PC	PC-ABS FDM Nylon 12 FDM Nylon 12CF ST-130（可融材料） ULTEM 9085 树脂 ULTEM 1010 树脂

（四）FDM 成形工艺参数

打印参数对 3D 打印最终零件质量至关重要，需要根据丝材种类、丝材质量、打印零件质量要求、打印周期、打印难度等综合调整，最终达到打印零件质量、打印成功率、打印时间之间的平衡。

FDM 成形过程中影响打印零件质量的参数较多，大体可以分为如图 1.1.18 所示几个方向，其中常用的参数包括层高、喷嘴温度、挤出速度、填充比例等。

图 1.1.18　打印参数设置

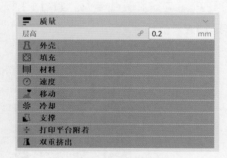

图 1.1.19　层厚设备

1. 厚高

厚高是指将三维数据模型进行切片时的单层高度，也是 3D 打印设备每次 Z 轴上升的高度，以 mm 为单位，正常层厚在 0.2 mm 左右（图 1.1.19）。层厚较大时，模型分辨率降低，零件表面会有明显的台阶，但成形时间较短；分层厚度较小时，零件成形精度和表面质量会更好，成形时间较长。

2. 填充密度及填充图案

与其他材料成形方法不同，3D 打印成形过程中可以选择不同的密度，零件内部可以选择中空或网格，零件表面完全填充，从而缩短成形周期，实现材料利用最大化。零件内部的填充图案根据强度要求可以选择网格、三角形、正方形等形状。对无特殊要求的零件，可以选择填充密度 20%，填充图案为立方体，如图 1.1.20 所示。

3. 喷嘴及打印平台温度

温度升高，热塑性材料流动性增强，黏结性好，收缩性大。喷嘴温度主要与打印材料的种类和性能相关，不同厂家及颜色的材料最佳成形温度有一定区别，需要操作者根据实际情况进行微调，如图 1.1.21 所示。打印平台温度主要减少零件成形过程中的变形和翘曲，成形小型零件可以不加热打印平台，大型零件和变形较大的零件都要进行打印平台加热。

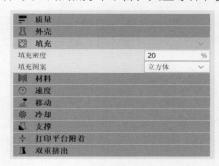

图 1.1.20　填充密度及填充图案设置　　图 1.1.21　喷嘴及打印平台温度设置

4. 打印速度

打印速度是指丝材从喷嘴中挤出时的速度。在保证运动机构运行平稳的前提下，填充速度越快，成形时间越短，效率越高，如图 1.1.22 所示。

5. 支撑设置

FDM 成形零件过程中，一般情况下支撑悬垂角度大于 45° 的部分都必须使用支撑结构，否则打印过程中可能出现塌陷现象。一般在零件的底部也会设计支撑，方便零件打印后从打印平台上取下，如图 1.1.23 所示。

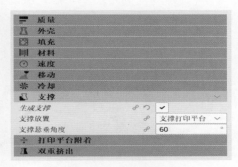

图 1.1.22　打印速度设置　　　　　图 1.1.23　支撑设置

（五）熔融沉积成形（FDM）的优点与缺点

1. FDM 成形方法的优点

（1）设备价格低廉

FDM 不使用激光，结构简单，成本低。桌面级 FDM 设备价格可以控制在 2 000 元左右，而 DIY 打印机的价格更是可以控制在 1 000 元以下。同时，桌面级 FDM 设备操作简单、设备故障率低、不需要专业培训即可轻松使用。

（2）材料成熟、无毒

大多数热塑性塑料材料都可以制成丝材供 FDM 打印机使用，丝材价格相对便宜，目前大部分丝材为可生物降解材料，对环境危害小。

（3）后处理简单

仅需要几分钟到 15 分钟，剥离支撑后原型即可使用。

2. FDM 成形方法的缺点

（1）成形精度低

成形件表面有明显的条纹，表面质量差；塑料材料热胀冷缩严重，容易发生翘曲和变形等缺陷，零件精度较差。

（2）成形速度慢

FDM 设备使用电机控制喷头及打印平台 $X/Y/Z$ 方向移动，成形速度较使用激光成形速度慢。增大单层层厚、加大喷嘴直径、减小填充密度、多喷头协调、提高成形速度等方法均可以缩短零件成形周期，但对零件的表面质量和力学性能有较大负面影响。

（3）力学性能差

成形零件力学性能较差，特别是垂直于打印方向的力学性能。

无人机模型

📑 **拓展深化**

成都航空职业技术学院 2017 级航空材料精密成形专业学生游豪采用 UG 软件对一种小型四旋翼无人机框架进行了建模、优化设计及 FDM 打印，采用轻量化和一体化设计理念将四旋翼无人机框架总零件数减少到 3 个，成形过程中无支撑或少支撑，3 个零件一版成形，获得"一种基于 3D 打印的无人机框架"，实现新型专利授权，如图 1.1.24、图 1.1.25 所示。

图 1.1.24　无人机框架装配体

图 1.1.25　基于 FDM 方法成形的无人机框架

在生活中，可以使用普通打印机将计算机设计的平面物品打印出来。用 **3D** 打印机可以打印以下立体物品：

①生活类：手机支架、挂钩、夹子、书挡、耳机支架、口罩扣。

②学习类：笔筒、无人机、机器人。

③创意类：徽章、奖牌、动漫手板、首饰、创意花盆。

分析与评价

_____ 项目学习任务评价表

班级 _____　　　　学生姓名 _____　　　　学号 _____

项　目	自我评价			小组评价			教师评价		
	9 ~ 10	6 ~ 8	1 ~ 5	9 ~ 10	6 ~ 8	1 ~ 5	9 ~ 10	6 ~ 8	1 ~ 5
	占总评 10%			占总评 30%			占总评 60%		
学习活动 1									
学习活动 2									
学习活动 3									
表达能力									
协作精神									
纪律观念									
工作态度									
分析能力									
创新能力									
操作规范性									
小　计									
总　评									

任课教师：_____　　　　　　　　　　　　　　年　月　日

课后练习题

选择题

1. 以下方法不属于增材制造的是（　　）。

A. 燕子筑巢　　　　　B. 蜂巢　　　　　C. 蚕结茧　　　　　D. 老鼠打洞

2.（   ）仅使用 3D 打印技术无法制作完成。

    A. 首饰　　　　　　　B. 手机　　　　　　　C. 服装　　　　　　　D. 义齿

3. FDM 技术的全称是（   ）。

    A. 叠层实体制造　　　B. 熔融挤出成形　　　C. 立体光固化成形　　D. 选择性激光烧结

4. 3D 打印切片软件三维模型导入格式通常是（   ）。

    A. STL　　　　　　　B. SAL　　　　　　　C. LED　　　　　　　D. RAD

5. 以下不是 3D 打印技术优点的是（   ）。

    A. 产品多样化不增加成本　　　　　　B. 成形大型零件

    C. 制造复杂物品不增加成本　　　　　D. 减少废弃副产品

6. 各种各样的 3D 打印机中，精度较高、效率较高、售价相对较高的是（   ）。

    A. 工业级 3D 打印机　　　　　　　　B. 个人级 3D 打印机

    C. 桌面级 3D 打印机　　　　　　　　D. 专业级 3D 打印机

7. FDM 成形工艺中熔化塑料丝材的热源是（   ）。

    A. 激光　　　　　　　B. 电阻加热　　　　　C. 感应加热　　　　　D. 电子束

8. 缩短 FDM 设备打印零件打印周期的方法不包括（   ）。

    A. 增大单层层厚　　　B. 加大喷嘴直径　　　C. 减小填充密度　　　D. 增大丝材直径

9. FDM 成形工艺最显著的特点是（   ）。

    A. 使用低熔点的丝材作为原料　　　　B. 材料加热温度在 200 ℃左右

    C. 采用塑料作为原材料　　　　　　　D. 将熔融的材料从喷嘴挤出

单元2　成形材料

单元结构

- ● 问题导入
- ● 认知学习
  - ➢ FDM 成形常用材料
  - ➢ FDM 使用材料基本要求
  - ➢ FDM 使用材料的特点
  - ➢ 可溶解支撑材料
- ● 拓展深化
- ● 分析与评价

📖 单元目标

1. 了解 FDM 常用材料。
2. 了解 FDM 用丝材的基本要求。
3. 理解 FDM 用丝材的成形特点及分类。
4. 了解 FDM 用丝材的发展趋势。

📖 问题导入

3D 打印（或增材制造）越来越普及，不再限于小型普通材料的零件成形，而是更多地改变原型的制作和生产过程。现在全球 3D 打印机每年销售量超过 300 万台，其中多数是FDM 3D 打印机。如图 1.2.1 所示为小型普通材料的零件成形。

可以用桌面级 3D 打印机做点什么？这些丝材打印的零件能够满足人们的要求吗？

图 1.2.1　小型普通材料的零件成形

认知学习

一、FDM 成形常用材料

　　FDM 技术丝材材料非常丰富，目前塑料零件使用的所有热塑性材料基本上都可以制成丝材供 FDM 技术使用，如 PLA 及 ABS、蜡丝、聚烯烃树脂、尼龙丝、聚酰胺丝，见表 1.2.1。FDM 技术使用丝状材料，常用丝材直径为 1.75 mm，固定在供料辊上，每卷材料质量为 1 kg（图 1.2.2、图 1.2.3）。

表 1.2.1　常用丝材材料

名称	成形温度 /℃	材料耐热温度 /℃	收缩率 /%	外　观	性　　能
ABS	200 ~ 240	70 ~ 110	0.4 ~ 0.7	浅象牙色	强度高，韧性好、抗冲击；耐热性适中
PLA	170 ~ 230	70 ~ 90	0.3	较好的光泽性和透明度	可降解，良好的抗拉强度和延展性；耐热性不好
PC	230 ~ 320	130 左右	0.5 ~ 0.8	多为白色	高强度、耐高温、抗冲击；耐水解稳定性差
蜡丝	120 ~ 150	70 左右	0.3 左右	多为白色	无毒，表面光洁度及质感较好，成形精度较高；耐热性较差

PLA 红色

绿色　　　橄榄绿　　　粉红　　　桃红

橙色　　　红色　　　消防红　　　天蓝

图 1.2.2　FDM 使用 PLA 丝材　　　图 1.2.3　不同颜色的 FDM 丝材

（图片来源于易生）

二、FDM 使用材料基本要求

　　除了常见的热塑性材料以外，基本符合以下条件的材料都可以使用 FDM 方法成形：

①便于制成丝材。

②熔点较低且高温情况下流动性较好。

③高温下具有一定的黏结性，便于分层制造。

④材料收缩率对温度不敏感，成形后零件变形不严重。

⑤无毒，无污染。

根据打印要求不同，可以在热塑性材料中添加短纤维、木材、导电材料、生物材料、金属材料等特殊材料。

巴斯夫推出了一款金属丝 3D 打印线材，使用 FDM 3D 打印机打印成形之后，可以得到金属制件，相比一般的激光熔融金属 3D 打印工艺，成本可降至 1/10。该材料是采用金属粉末与黏合材料充分混合后拉丝成为线材，通过烘烤脱脂，去除部分黏合材料的金属件，然后高温烧结，再去除所有的黏合材料，金属粉末收缩成最终的金属件制品，如图 1.2.4、图 1.2.5 所示。

图 1.2.4　金属丝 3D 打印线材　　　　　图 1.2.5　金属丝制品

三、FDM 使用材料的特点

FDM 技术成为目前应用较为广泛的 3D 打印技术与其使用材料有很大关系。FDM 使用材料的特点主要包括：

①塑料原材料熔点低、工艺成熟，价格较低而且制成丝材的成本不高。

②与其他使用粉末和液态材料的工艺相比，丝材更加清洁，易于更换、保存，不会在设备中或附近形成粉末或液态污染。

③可选用多种材料、多种颜色，如可染色的 ABS 和医用 ABS、PC、PPSF 等。

④丝材便于更换，实际操作简单。

四、可溶解支撑材料

支撑材料顾名思义是一种打印后在水中或其他溶液里溶解的 3D 打印材料，主要解决 FDM 打印零件支撑难以去除的问题，一般用于配备有双喷头的工业级 FDM 设备上使用。如图 1.2.6 所示，在 3D 打印过程中支撑材料对材料起到支撑作用，打印完成后，将零件整体放入水或其他溶液里，支撑材料就会自动溶解。目前采用的支撑材料一般为水溶性材料，即在水中能够溶解，方便剥离。常见的支撑材料为 PVA 水溶支撑材料。

图 1.2.6 可溶解支撑材料

FDM 技术对支撑材料的要求见表 1.2.2。

表 1.2.2 FDM 技术对支撑材料的要求

性　能	具体要求	原　因
耐温性	耐高温	由于支撑材料要与成形材料在支撑面上接触，因此支撑材料必须能够承受成形材料的高温，在此温度下不产生分解与融化
与成形材料的亲和性	与成形材料不浸润	支撑材料是加工中采取的辅助手段，在加工完毕后必须除掉，支撑材料与成形材料的亲和性不会太好
溶解性	具有水溶性或者酸溶性	对具有很复杂的内腔、孔隙等原型，为了便于后处理，可通过支撑材料在某种液体里溶解而去支撑。由于现在 FDM 使用的成形材料一般是 ABS 工程塑料，该材料一般可以溶解在有机溶剂中，所以不能使用有机溶剂。目前，已开发出水溶性支撑材料
熔融温度	低	具有较低的熔融温度可以使材料在较低的温度挤出，提高喷头的使用寿命
流动性	高	支撑材料的成形精度要求不高，为了提高机器的扫描速度，要求支撑材料具有很好的流动性，相对而言，对黏性要求可以差一些

拓展

　　FDM 成形方法可以不使用丝材，例如，人们常见的建筑 3D 打印使用的是混凝土，食品 3D 打印使用的是食物浆料。塑料材料的 3D 打印也可以不用将塑料成形成丝材，而是采用颗粒料（注塑成形的原料）直接 FDM 成形，这样做的好处是原料与注塑成形一致，成本更低，可以成形更大的零件。

图 1.2.7 3D 打印船

　　2020 年，美国缅因大学采用 FDM 技术打印了一艘长 7.6 m、质量为 2 268 kg 的"船"（图 1.2.7），这是有史以来体积最大的 3D 打印物，显示 3D 打印技术应用于模型和原型样机制作的前景。这艘船是在 72 h 不间断打印过程中一体成形制成，制造成本约 40 000 美元。打印出这艘船的全球最大型的打印机长 21 m，造价 250 万美元（约合人民币 1 779 万元），每小时可喷射 226.8 kg 塑料聚合物颗粒。如果添加附件，它可以增长至 30 m，打印长宽高分别为 30 m、6.7 m、3 m 的物体。

📖 拓展深化

　　Stratasys 采用蓖麻油开发了一款 100% 生物基可持续材料 High Yield PA11，以实现环保生产制造。

　　蓖麻油由蓖麻籽制成，这种植物广泛生长在世界各地的热带区。根据巴斯夫的数据，印度是目前最大的蓖麻籽生产国，供应量占世界总量的 80%，即 120 万吨。在气候适宜的地区，蓖麻籽很容易生长。蓖麻籽的含油量为 40% ~ 60%，剩余部分通常用作肥料。事实上，在合成材料被开发出之前，这种植物多年来都被用作发动机润滑油。此外，蓖麻油还是一种不可食用的植物油。由于其在化学上的多功能性，企业可以从蓖麻油中合成多种聚合物，如环氧树脂、聚酰胺和聚酯，PA11 便是其中之一。如图 1.2.8 所示为蓖麻和 PA11 打印零件。

图 1.2.8　蓖麻 和 PA11 打印零件

　　相比来源于石油的大多数 FDM 耗材，PA11 的延展性、抗冲击强度和抗疲劳性都更为出色。目前，生物基可持续材料 PA11 已经变成数以百万计的消费类电子产品、汽车、工业产品等领域高品质耐用终端零件，验证了材料行业的发展对环境保护、碳中和和碳达峰的贡献。

　　问题：

　　①人们还可能需要什么样的 3D 打印材料？这些材料如何加工？

　　②在生活中还可以使用什么材料进行类似 FDM 的 3D 打印？你是否亲手制作过生日蛋糕？回忆一下奶油是如何涂在蛋糕上的。

　　③如何使用 FDM 方法打印多彩的 3D 打印零件？

分析与评价

_____ 项目学习任务评价表

班级 _____   学生姓名 _____   学号 _____

项 目	自我评价			小组评价			教师评价		
	9~10	6~8	1~5	9~10	6~8	1~5	9~10	6~8	1~5
	占总评 10%			占总评 30%			占总评 60%		
学习活动 1									
学习活动 2									
学习活动 3									
表达能力									
协作精神									
纪律观念									
工作态度									
分析能力									
创新能力									
操作规范性									
小 计									
总 评									

任课教师：_____   年   月   日

课后练习题

一、单选题

1. 市场上常见的 3D 打印机所用的打印材料直径为（　　）。

　　A. 1.75 mm　　　　B. 1.85 mm　　　　C. 2 mm　　　　D. 3 mm

2. 市场上常见的 3D 打印机所用的喷嘴直径为（　　）。

　　A. 0.2 mm　　　　B. 0.4 mm　　　　C. 0.5 mm　　　　D. 0.8 mm

二、多选题

1. FDM 工艺使用丝材的基本要求包括（　　）。

　　A. 方便制造成丝材　　　　　　　B. 在高温下有较好的黏结性

C. 热膨胀率较小　　　　　　　　D. 价格便宜

E. 加热及冷却过程中不能释放有毒气体

2. FDM 是目前应用较广泛的 3D 打印技术，从使用材料的角度，主要的原因包括（　　）。

A. 塑料行业成熟，可选材料较多　　B. 丝材成形过程清洁、无污染

C. 塑料材料强度高，可直接使用　　D. 塑料加热温度低，对设备要求低

E. 塑料便于储存及运输

三、判断题

1. FDM 方法不能打印金属零件。　　　　　　　　　　　　　　　（　　）

2. 桌面级 FDM 打印机支持多色零件打印。　　　　　　　　　　　（　　）

3. 工业级 FDM 设备就是桌面级 FDM 设备的放大版。　　　　　　（　　）

4. 桌面级和工业级 FDM 设备材料可以通用。　　　　　　　　　　（　　）

5. 只要能做成丝材的材料都可以使用 FDM 方法成形。　　　　　　（　　）

6. 与其他 3D 打印方法相比，FDM 方法成形设备价格低，成形原材料价格低。（　　）

7. FDM 方法只能用丝材。　　　　　　　　　　　　　　　　　　（　　）

8. FDM 方法只能打印塑料材料，无法在工业中应用。　　　　　　（　　）

9. 可溶性材料一般在工业级 FDM 设备中作支持材料。　　　　　　（　　）

单元 3　3D 打印笔成形应用实践

单元结构

- 问题导入
- 认知学习
  - ➢ 3D 打印笔的基本结构
  - ➢ 3D 打印笔的使用方法
- 实践学习
- 拓展深化
- 分析与评价

单元目标

1. 了解 3D 打印笔的结构及工作原理。
2. 掌握 3D 打印笔的使用方法。
3. 能够运用 3D 打印笔完成复杂平面和简单立体零件打印任务。

图 1.3.1　立体作品

问题导入

　　3D 打印技术的应用依赖于计算机的使用，包括模型的建立和模型的切片，而基于 FDM 技术的 3D 打印可以在零基础的情况下完成 3D 打印作品，想一想，需要一个什么样的 3D 打印作品，一个挂钩、一个手机支架、一个艺术品？是否想做一个如图 1.3.1 所示的立体作品呢？

认知学习

一、3D 打印笔的基本结构

3D 打印笔的机械结构及使用材料与其他 FDM 成形设备基本一致，拥有完整的送丝系统、加热系统和挤出系统，唯一的区别是缺少了运动系统，操作者需要手动控制。如图 1.3.2 所示为 3D 打印笔的基本结构。操作者的想象力和动手能力直接决定最终作品的质量。针对 3D 打印使用过程中可能出现烫伤的情况，很多公司开发了低温 FDM 耗材，材料在 60 ℃ 左右就可进行 3D 打印。

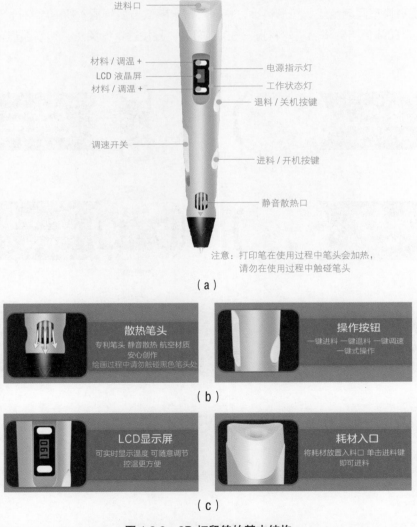

图 1.3.2　3D 打印笔的基本结构

二、3D 打印笔的使用方法

图 1.3.3 所示为 3D 打印笔的使用方法。

①插入电源，长按开机键，屏幕变为黄色。

②点击屏幕两侧按钮，将打印材料选择为"PLA"，默认加热温度为"120 ℃"。

③按进料键，3D 打印笔进入预热状态，从屏幕可以看到温度逐渐升高。

④预热完成后，绿灯长亮。

⑤将选好颜色的耗材插入入料孔中，长按进料键，丝材会逐渐从喷嘴挤出。

⑥滑动调速键，根据情况调节速度。

⑦根据材料的黏接能力，微调加热温度。

⑧手握 3D 打印笔喷头上部开始 3D 打印，注意烫手。

⑨需要更换不同颜色丝材按退料键，将原丝材全部取出后再插入新的丝材进行 3D 打印。

⑩ 3D 打印笔使用完毕后将丝材退出 3D 打印笔，长按进料键关机，待喷头温度降低到室温后放入盒中。

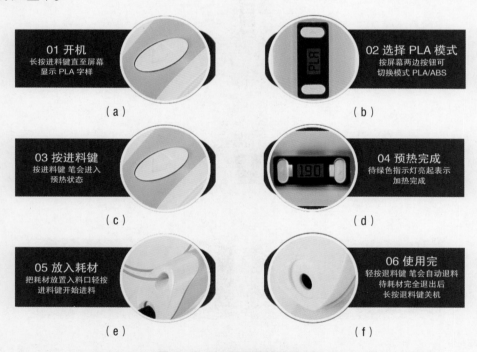

图 1.3.3　3D 打印笔的使用方法

📖 实践学习

一、实验目的

①了解 3D 打印笔中各零件的用途和结构特点，为课程设计奠定结构设计的基础。

②通过现场学习及实践，加深学生对 3D 快速成形工艺的理解。

二、实验要求

①了解 3D 打印笔中各零件的结构和作用。

②学习查阅手册和有关资料。

③使用 3D 打印笔完成作品一份。

三、实验设备和工具

① 3D 打印笔一支，3D 打印笔使用的基本流程如图 1.3.3 所示。

②装拆工具：螺丝刀组合。

四、实验内容——蝴蝶的 3D 打印

（一）行动前准备

设备和工具准备：

①带有电源的房间。

② 3D 打印笔一支（图 1.3.4）。

③ A4 白纸一张。

④亚克力白板一块。

⑤两种及以上不同颜色丝材。

图 1.3.4　3D 打印笔

（二）任务实施

①找一张蝴蝶的图片（图 1.3.5）或者手绘一张蝴蝶图（图 1.3.6）。

②将图片放入亚克力白板下，在亚克力白板上进行 3D 打印（便于取下）。

③根据自己的喜好绘制蝴蝶翅膀。

④绘制蝴蝶躯干。

⑤将蝴蝶翅膀与蝴蝶躯干用 3D 打印笔进行连接。

图 1.3.5　3D 打印笔成形立体蝴蝶

图 1.3.6　手绘蝴蝶图

五、实验报告

①简述 3D 打印笔的工作原理。

_____

_____

②观察 3D 打印笔外部形状及结构，了解各部位的功用，并简述 3D 打印笔分为几个部分。

_____

_____

③小结 3D 打印笔结构设计中装拆时需要注意的问题。

_____

_____

④底部的电控系统部分不要求拆卸。

⑤将 3D 打印笔复原装好。

⑥经指导教师检查装配良好、工具齐全后，方能离开现场。

拓展深化

2021 年 10 月，某职业技术学院举办了面向全体学生的第二届"神笔马良"3D 打印笔比赛。

"神笔马良"3D 打印笔大赛是为了培养学生的创新思维，把学生从单一思维中解放出来，让学生想到并做到，并且可以提高学生的动手能力，学生可通过简单的学习来熟悉 3D 打印笔创造属于自己的物品。本次比赛的目的是让学生初步了解 3D 打印技术，并为今后学习 3D 打印奠定基础。如图 1.3.7 所示为部分 3D 打印作品。

图 1.3.7 3D 打印作品

①如何用 3D 打印笔打印一所房子的模型？

②能否用 3D 打印笔打印一双炫酷的鞋？

③3D 打印可以对损毁的物品进行修复吗？能修复什么？

④如何用 3D 打印笔制作一个"冬季奥运会"主题的作品？

⑤朋友过生日，是否可以用 3D 打印笔为他 / 她制作一份独一无二的礼物？

分析与评价

_____ 项目学习任务评价表

班级 _____　　　　学生姓名 _____　　　　学号 _____

项　目	自我评价			小组评价			教师评价		
	9～10	6～8	1～5	9～10	6～8	1～5	9～10	6～8	1～5
	占总评 10%			占总评 30%			占总评 60%		
学习活动 1									
学习活动 2									
学习活动 3									
表达能力									
协作精神									
纪律观念									
工作态度									
分析能力									
创新能力									
操作规范性									
小　计									
总　评									

任课教师：_____　　　　　　　　　　　　　　　　年　月　日

课后练习题

一、单选题

与桌面级 FDM 设备相比，3D 打印笔没有（　　）。

　A. 运动系统　　　　B. 送丝系统　　　　C. 加热系统　　　　D. 挤出系统

二、判断题

1. 3D 打印笔只能进行平面零件的制作。　　　　　　　　　　　　　　　　（　　）

2. 3D 打印笔必须将材料加热到 200 ℃以上才能工作。 （　　）

3. 3D 打印笔成形速度固定。 （　　）

4. 3D 打印笔只能进行小型零件的制造。 （　　）

5. 使用 3D 打印笔制作三维零件需要使用模具。 （　　）

单元 4　FDM 3D 打印成形应用实践

 **单元结构**

● 问题导入
● 认知学习
　➢ 实验注意事项
　➢ 基于 FDM 方法的零件 3D 打印
● 拓展深化
● 分析与评价

单元目标

1. 了解熔融沉积成形（FDM）的基本原理。
2. 熟悉熔融沉积（FDM）打印机的基本构造和模型制作过程。
3. 能够运用 FDM 方法完成简单零件的 3D 打印。

问题导入

英国格拉斯哥大学的学生团队 JetX Engineering 自主设计研制了一款名为 X-Plorer 1 的航空发动机，该发动机总长度 72 cm，风扇直径 26.15 cm，涵道比为 5∶1。

如图 1.4.1、图 1.4.2 所示为 X-Plorer 1 发动机内部结构及外观结构。整个模型含有 800 多个部件，但其中所有的非电气部件都是用普通的 FDM 3D 打印机制造的，总数量超过 260 个。打印消耗的时间超过 1 800 h，消耗 PLA 和 ABS 线材超过 3 km。除了无法燃烧真正的燃料，X-Plorer 1 的每个地方都与真正的喷气发动机一模一样。此外，它还安装了复杂的电子系统。3D 打印技术极大地拓展了人们的创造能力，"想到即实现"的设计理念可以让每个人都成为设计师。

图 1.4.1　X-Plorer 1 发动机内部结构

图 1.4.2　X-Plorer 1 发动机外观结构

认知学习

一、实验注意事项

①存储之前选好成形方向，一般按照"底大上小"的方向选取，以减少支撑量，缩短数据处理和成形时间。

②受成形机空间和成形时间限制，零件的大小控制在 30 mm×30 mm×20 mm 以内。

③尽量避免设计过于细小的结构，如小于 0.2 mm 的特征等。

④通过调节打印参数将单个零件打印时间控制在 4 h 以内。

二、基于 FDM 方法的零件 3D 打印

（一）实验目的

①了解熔融沉积成形（FDM）的基本原理。

②熟悉熔融沉积成形（FDM）打印机的基本构造和模型制作过程。

③通过现场学习及实践加深学生对 3D 快速成形工艺的理解。

（二）实验要求

①利用三维建模软件对零件进行建模，利用切片软件对零件进行切片，确定零件摆放方式、支撑方式以及工艺参数后生成 STL 文件。

②将 STL 文件导入 FDM 设备，对设备进行调平，开始零件打印直至零件 3D 打印完成。

③观察快速成形机的工作过程，分析产生加工误差的原因。

④对打印好的零件进行后处理，对打印质量进行评估，分析打印参数是否合理。

（三）3D 打印机操作流程

3D 打印机的参数设置见表 1.4.1。

①插上电源开机，检查屏幕是否启动。

②将材料装上打印机后把拆料的头放入进料口。

③将喷头温度升到200 ℃后检查挤出和喷嘴是否正常。

④将喷头归零后进行调平。

⑤打开切片软件选择打印机型号。将模型导入，在切片软件上将喷头温度调到200 ℃，平台温度调到60 ℃。找到支撑将其打开，将支撑密度调整到10%（不需要支撑的零件不用加）。找到填充密度调成20%。

⑥切片后保存至内存卡上（保存的文件名不能有中文）。

⑦将内存卡安装回打印机，找到保存的文件，选中后开始打印。

表 1.4.1　参数设置

序　号	项目名称	参　数
1	打印材料	PLA
2	基板加热温度	60 ℃
3	喷料口加热温度	200 ℃
4	填充密度	20%
5	缩放比	无缩放（100%）
6	打印速度	60 ~ 80 mm/s

（四）FDM 成形零件工程图

FDM 成形零件工程图如图 1.4.3—图 1.4.5 所示。

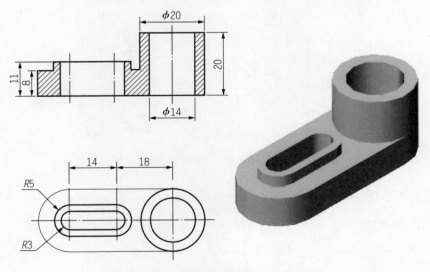

图 1.4.3　案例 1

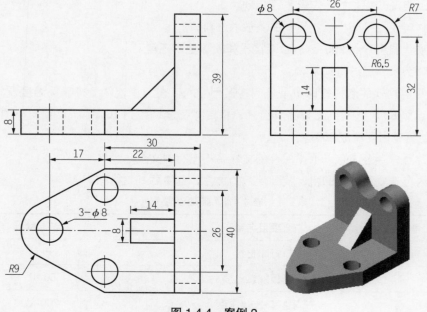

图 1.4.4 案例 2

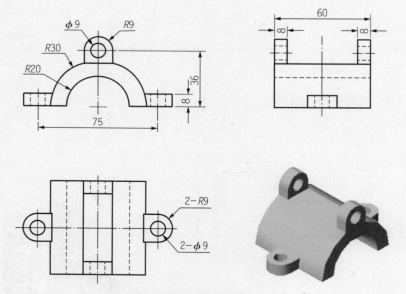

图 1.4.5 案例 3

（五）实验报告

①根据所做原型件分析成形工艺的优缺点。

②根据图 1.4.3—图 1.4.5 所示的三维图进行成形工艺分析（定义成形方向，指出支撑材料添加区域，成形过程中零件精度易受影响的区域）。

③根据实验过程总结成形过程中对精度的影响因素（包括数据处理和加工过程）。

拓展深化

德国知名设计公司 DQBD 在自行车车座的设计阶段想到了增材制造。增材制造除了可以快速、低成本地提供大批量、高精准度的生产级部件，这一技术帮助人们实现传统方法无法做到的个性化定制。

根据不同骑手的特定需求，DQBD 通过软件将车座的几何形状与骑手的身体特征相匹配，3D 打印成形半刚性、轻量化车座，而刚柔性区域相结合的特性为车座精确提供了所需的支撑和调整。这一独特的组合比传统注塑工艺成形的车座提供了更多的弹性和更高的舒适度，可减少骑手的疲劳感，将骑行舒适度推至全新水平。无须模具成本，使用 3D 打印进行车座研发较注塑成形工艺可节约 18.5 万元。同时，交付时间也可从传统生产工艺的 3 ~ 6 个月缩短到 10 天左右。如图 1.4.6 所示为 3D 打印的个性化自行车车座。

图 1.4.6　3D 打印个性化自行车车座

在生活和工作中有哪些东西或工具是无法直接购买到的，或者需要定制一个零件来满足人们的需求？

①在网上下载免费资源，打印一个属于自己的航空发动机模型。

②在网上下载免费资源，打印完成四旋翼无人机机械结构，DIY 无人机。

③在网上下载机械臂三维模型，DIY 一款机械臂。

④采用三维建模软件完成一个机构的设计并打印出来，解决生活中的小问题。

分析与评价

项目学习任务评价表

班级 _____ 学生姓名 _____ 学号 _____

项 目	自我评价			小组评价			教师评价		
	9 ~ 10	6 ~ 8	1 ~ 5	9 ~ 10	6 ~ 8	1 ~ 5	9 ~ 10	6 ~ 8	1 ~ 5
	占总评 10%			占总评 30%			占总评 60%		
学习活动 1									
学习活动 2									
学习活动 3									
表达能力									
协作精神									
纪律观念									
工作态度									
分析能力									
创新能力									
操作规范性									
小 计									
总 评									

任课教师：_____ 年 月 日

课后练习题

选择题

1. 能添加到草图的几何关系中的是（　　）。

   A. 水平　　　　B. 共线　　　　C. 垂直　　　　D. 相切

2. 目前 FDM 常用的支撑材料是（   ）。

    A. 水溶性材料   B. 金属   C. PLA   D. 粉末材料

3. 不属于 3D 打印原型件一般制作过程的是（   ）。

    A. 工件剥离   B. 分层叠加   C. 前处理   D. 后处理

4. 打印喷头的直径大小一般为（   ）。

    A. 0.1 mm   B. 0.4 mm   C. 0.6 mm   D. 0.7 mm

5. 3D 打印前处理不包括（   ）。

    A. 构造 3D 模型   B. 模型近似处理   C. 切片处理   D. 画面渲染

6. 关于点、线、面、体，下列说法错误的是（   ）。

    A. 体是面移动的轨迹   B. 面是线移动的轨迹

    C. 线是面移动的轨迹   D. 线是点移动的轨迹

7. STL 文件格式是利用简单的多边形和三角形（   ）模型表面。

    A. 逼近   B. 模拟   C. 拟合   D. 表示

8. STL 格式由（   ）公司开发。

    A. 3D Systems   B. Stratasys   C. CMET   D. ReganHU

9. 在对模型分层并添加支撑后，在每个层面上将包括（   ）信息。

    A. 轮廓和填充两部分   B. 轮廓

    C. 填充   D. 什么都没有

10. 3D 打印技术中用到的 G 代码主要有几类，分别是（   ）。

    A. 起始代码、加工代码和终止代码   B. 一次性代码和永久性代码

    C. 一次性代码和模态代码   D. 模态代码和永久性代码

11. 指令代表快速移动的是（   ）。

    A. G0   B. G1   C. G28   D. G90

12. FDM 设备制件容易使底部产生翘曲形变的原因是（   ）。

    A. 设备没有成形空间的温度保护系统   B. 打印速度过快

    C. 分层厚度不合理   D. 没有加底板

模块二 光固化成形（SLA）工艺

本模块主要围绕 SLA 工艺展开学习，包含成形工艺原理及特点、成形材料，并从三个维度来学习 SLA 工艺的应用，有 3D 打印笔成形应用实践、桌面级 3D 打印成形应用实践、工业级 3D 打印成形应用案例。

模块目标

1. 了解 SLA 光固化成形的基本原理。
2. 掌握 SLA 光固化打印机的使用方法。
3. 能够运用 SLA 成形技术打印简单零件（包含设计、前处理、打印、后处理）。

学习地图

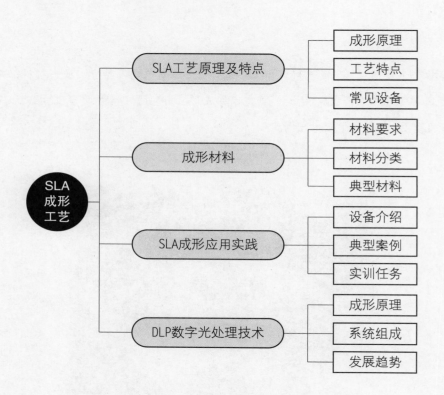

建议学时

12 学时。

单元 1　SLA 工艺原理及特点

📖 单元结构

- 问题导入
- 认知学习
  ➤ SLA 的概念
  ➤ SLA 成形原理
  ➤ SLA 光固化成形设备及特点
- 拓展深化
- 分析与评价

📖 单元目标

1. 了解 SLA 工艺原理。
2. 熟悉 SLA 设备组成。
3. 理解 SLA 工艺参数。
4. 了解 SLA 工艺特点。

📖 问题导入

　　通过之前的学习可知，可以使用 FDM 3D 打印工艺打印模型，如自己设计手机支架。在 FDM 打印过程中，使用的是线材状的塑料材料，打印出来的模型表面并不光滑，可以看到明显的分层感。

　　在日常生活中，观察水结成冰这一物理现象，会发现冰块的表面很光滑，没有粗糙感。能不能使用液态材料打印表面更加光滑、精度更高的模型呢？

📖 认知学习

一、SLA 的概念

　　光固化成形（Stereo Lithography, 简称 SL，有时又被称为 Stereo Lithography Apparatus, SLA）

又称立体光刻成形，是最早发展起来的 3D 打印技术，目前市场和应用比较成熟。该方法由 Charles Hull 于 1986 年获美国专利。1988 年美国 3D System 公司推出商品化样机 SLA-250，这是世界上第一台快速原型技术成形机。

二、SLA 成形原理

光固化成形技术的基本原理如图 2.1.1 所示。液槽中盛满液态光固化树脂，激光器发射出的紫外激光束（波长为 320 ~ 370 nm，处于中紫外至近紫外波段）在计算机的控制下按工件的分层截面数据在液态的光敏树脂表面进行逐行逐点扫描，这使扫描区域的树脂薄层产生聚合反应而固化从而形成工件的一个薄层，未被照射的地方仍是液态树脂。当一层扫描完成且树脂固化完毕后，工作台将下移一个层厚的距离以便在原先固化好的树脂表面上再覆盖一层新的液态树脂，刮板将黏度较大的树脂液面刮平，再进行下一层的激光扫描固化。新固化的一层将牢固地黏合在前一层上，如此重复直至整个工件层叠完毕，逐层固化得到完整的三维实体。

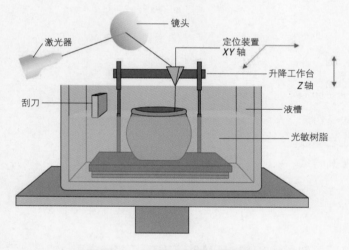

图 2.1.1 光固化成形技术基本原理

拓展

当实体原型完成后，首先将实体取出，并将多余的树脂排净。其次去掉支撑，进行清洗。再次将实体原型放在紫外激光下整体后固化。最后需通过强光、电镀、喷漆或着色等处理得到需要的最终产品。

树脂材料的黏性大，在每层固化之后，液面很难在短时间内迅速流平，这会影响实体的精度。采用刮板刮切后，所需数量的树脂便会被均匀地涂敷在上一叠层上，这样经过激光固化后可以得到较好的精度，使产品表面更加光滑和平整，并且可以解决残留体积的问题。

三、SLA 光固化成形设备及特点

（一）SLA 光固化成形系统

SLA 系统主要包括激光扫描振镜系统、光敏树脂固化成形系统以及控制软件系统 3 个部分，其原理图如图 2.1.2 所示。

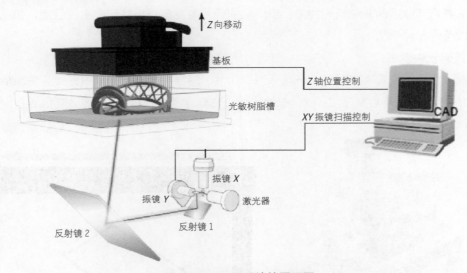

图 2.1.2 SLA 系统的原理图

1. 激光扫描振镜系统

如图 2.1.3 所示为激光扫描振镜系统。由激光器射出一束激光光束，激光光束通过扫描振镜实现扫描的功能，振镜是一种特殊的摆动电机，当接收到一个位置信号后，振镜会按电压与角度的转换关系摆动相应的角度达到改变激光光束路径的目的，之后激光光束通过反射镜反射，实现光路放大的功能，最终到达光敏树脂处。在大多数情况下，振镜的最高偏转角镜为 +12.5°（+10° 往往是一个较安全范围），同时激光光束的入射角不能大于 45°。

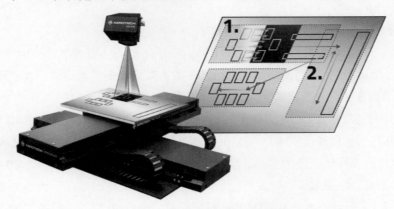

图 2.1.3 激光扫描振镜系统

2. 光敏树脂固化成形系统

如图 2.1.4 所示为光敏树脂固化成形系统。系统以光敏树脂为原材料，在相应波长光源的作用下，光敏材料发生光聚合反应，控制软件系统将零件进行切片和路径规划，并控制激光按零件的二维截面信息在基板上逐点进行扫描，被扫描区域的光敏树脂在光源的作用下产生光聚合反应而固化，形成零件的一个切片层。在一层切片层扫描固化完毕后，控制软件系统控制工作台上移一个层厚的距离，使得原先固化好的树脂表面被再次填充一层液态光敏树脂，然后进行下一层的扫描填充加工，新固化的切片层将牢固地粘贴在上一层上，如此反复即可完成整个零件的加工。

3. 控制软件系统

控制软件系统主要完成零件的三维造型、切片、路径规划，用来获得三维直角坐标系下的数据信息，并控制 XY 振镜实现 X 轴、Y 轴的扫描，控制 Z 轴电机实现 Z 向位置控制，如图 2.1.5 所示。

图 2.1.4　光敏树脂固化成形系统

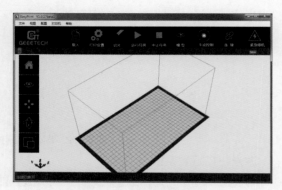

图 2.1.5　控制软件系统

（二）SLA 典型设备

SLA 典型设备包括桌面级 SLA 打印机以及工业级 SLA 打印机两种，是目前应用较为广泛的 3D 打印机。

1. 桌面级 SLA 打印机

小方 3D 打印机属于桌面级 SLA（树脂激光固化成形）高精度打印机，最高精度 0.025 mm/ 层，远超普通 3D 打印机，可满足大多数人对细节的完美追求。其操作十分简单，将小方 3D 打印机连接到计算机，十几分钟的学习就可以动手操作打印出喜欢的模型，数字控制面板上显示的实时打印进度，实用性强，相比普通的 3D 打印机不需要频繁地关注打印进度。整台 3D 打印机质量仅 10 kg，简洁时尚的外形设计使得小方 3D 打印机非常便于携带。高精度、稳定性、易操作、显示实时进度和良好的便携性这些优点，让小方 3D 打印机广泛地运用在艺术创意、学校教育、珠宝、医疗行业等领域。如图 2.1.6 所示为小方 3D 打印机的实物图，如图 2.1.7 所示为小方 3D 打印机的打印案例。小方 3D 打印机的主要参数见表 2.1.1。

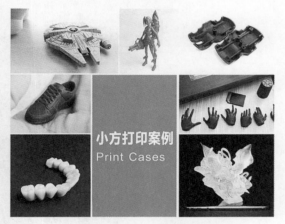

图 2.1.6　小方 3D 打印机的实物图　　　　图 2.1.7　小方 3D 打印机的打印案例

表 2.1.1　小方 3D 打印机的主要参数

打印机参数		软件安装包	
打印机外观尺寸	330 mm ×290 mm ×460 mm	软件名称	Dazzle-3d
设备质量	10 kg	支持系统文件类型	.obj、stl
打印尺寸	130 mm ×130 mm ×180 mm	支持系统	Windows（7/8/10）
层分辨率	0.025/0.05/0.1	软件大小	20 MB
最小壁厚	0.3 mm		
最小孔径	0.5 mm		
X、Y、Z 轴分辨率	0.05 mm		
电源参数			
输出电压	24 V	全球通用的电源适配器	
输入电压	100 ~ 240 V	USB 连接，文件传送到打印机后即可断开	

2. 工业级 SLA 打印机

　　中瑞科技 SLA660 光固化生产系统的关键优势在于能够迅速制造出高质量的复杂模型。成形件拥有极致的细节和光滑的表面质量；精度高达 0.05 mm，用于制作精密样件；根据零件的规模和复杂性，可在几分钟到几小时内完成对零件的制作；能制作各种结构复杂的零件和组装件；拥有强韧性、细节、颜色、净度和耐热性不同的树脂材料。如图 2.1.8 所示为 iSLA660 工业级 3D 打印机的实物图，iSLA660 工业级 3D 打印机的主要参数见表 2.1.2。

图 2.1.8　iSLA660 工业级 3D 打印机实物图

表 2.1.2　iSLA660 工业级 3D 打印机主要参数

激光系统	激光类型：二极管泵浦固体激光器 Nd:YVO$_4$ 波长：354.7 nm 激光器功率：1 000 mW/300 mW
重涂系统	涂铺方式：智能定位真空吸附涂层 正常层厚：0.1 mm 快速制作层厚：0.1 ～ 0.15 mm 精密制作层厚：0.05 ～ 0.1 mm
光学扫描系统	光斑（直径 @1/e^2）：0.10 ～ 0.50 mm 扫描振镜：高速扫描振镜 零件扫描速度：推荐 6.0 m/s 零件跳跨速度：推荐 10.0 m/s 参考制作质量：60 ～ 100 g/h
升降系统	升降电机：高精度伺服电机 重复定位精度：± 0.01 mm 基准平台：大理石基准平台
树脂槽	标准容积：175 L XY 制作平台：600 mm（X）×600 mm（Y） Z 轴：300 mm（标准）/ 350 mm（定制）/ 400 mm（定制）/ 450 mm（定制） 树脂加热方式：热空气加热
控制软件	操作系统：Windows 7，以太网，IEEE802.3 制作软件：ZERO 5.0 制作软件 数据接口：SLC 文件、CLI 文件、STL 文件

安装条件	电源：200 ～ 240 V AC 50/60 Hz, 单相，5/10 Amps 环境温度：20 ～ 26 ℃ 相对湿度：低于 40%，无霜结 设备尺寸：1.60 m（ W ）×1.30 m（ D ）×1.90 m（ H ） 设备质量：约 1 000 kg

（三）光固化成形（SLA）的优点与缺点

1. SLA 打印技术的优势

（1）技术成熟度高

SLA 技术出现时间早，经过多年的发展，技术成熟度高。

（2）打印精度高

SLA 技术打印精度高，可以制作结构十分复杂的、比较精细的原型，尤其是内部结构复杂的原型，可以加工复杂表面的薄壁件，壁厚最小可达 0.5 mm, 这是其他的成形技术无法达到的。其表面质量较好，工件的最上层表面很光滑，侧面可能有台阶不平及不同层面间的曲面不平，适合做小件及精细、复杂件。

（3）打印速度快

光敏反应过程敏捷，产品生产周期短，无须切削工具与模具，可以实现快速熔模铸造。

（4）成形方法简单

成形方法简单，能直接生产塑料件。自动化程度高，上位软件功能完善，可联机操作及远程控制，有利于生产的自动化。

2. SLA 技术的主要缺陷

（1）翘曲变形

成形过程中有物理、化学以及相的变化，制件较易翘曲、变形，需要支撑结构，支撑结构需在未完全固化时手工去除，容易破坏成形件。

（2）成形速度慢

成形速度较慢，需要对制件进行二次固化，以提高制件的尺寸稳定性和使用性能。

（3）成本高

树脂和激光器价格较高，设备普遍价格高昂，需要专门的实验室环境，使用和维护费用高昂。

（4）材料限制

液态树脂有一定的气味和毒性，对环境有污染，且须避光保存。

受材料所限，可使用的材料多为树脂类，使得打印成品的强度、刚度及耐热性能都非常有限，并且不利于长时间保存。

拓展

3D 打印之父

1983 年，查克·赫尔在 Ultra Violet Products 公司工作，结合当时的工作内容和专业所长，他萌生了新的想法（图 2.1.9）。同年，他便发明了立体平版印刷（和二维印刷技术相比），3D 打印技术由此正式诞生。

1986 年，他进一步发明了立体光刻工艺，即利用紫外线照射光敏树脂凝固成形来制造物体，并将这项发明申请了专利，这项技术后来被称为光固化成形（SLA）。之后，他继续不懈地努力奋斗，离开了原来工作的公司，开始自立门户，并把新创办的公司命名为 3D Systems。

1988 年，3D Systems 公司生产出了第一台自主研发的 3D 打印样机 SLA-250（图 2.1.10），SLA-250 的面世成了 3D 打印技术发展历史上的一个里程碑事件，其设计思想和风格几乎影响了后续所有的 3D 打印设备。受计算机技术、光学技术、电子技术等各项技术的发展限制，整台设备体型十分庞大，实际打印的尺寸并不大，精度也不高。

图 2.1.9　查克·赫尔

图 2.1.10　3D 打印样机 SLA-250

拓展深化

①在了解光固化成形技术之后，你觉得这种技术的最大优势是什么？

②阐述这种技术给人们日常生活带来的影响。

分析与评价

_____ 项目学习任务评价表

班级 _____ 　　　　学生姓名 _____ 　　　　学号 _____

项　目	自我评价			小组评价			教师评价		
	9～10	6～8	1～5	9～10	6～8	1～5	9～10	6～8	1～5
	占总评 10%			占总评 30%			占总评 60%		
学习活动 1									
学习活动 2									
学习活动 3									
表达能力									
协作精神									
纪律观念									
工作态度									
分析能力									
创新能力									
操作规范性									
小　计									
总　评									

任课教师：_____　　　　　　　　　　　　　　年　月　日

课后练习题

一、单选题

1. 1986 年，获得世界上第一台 SLA 设备专利的人是（　　）。

　　A. Charles Hull　　　　B. 卢秉恒　　　　C. Scott Crump　　　　D. Carl Benz

2. 下列不属于光固化快速成形工艺（SLA）的优点的是（　　）。

　　A. 成形过程自动化程度高　　　　B. 尺寸精度高

　　C. 优良的表面质量　　　　D. 有时需要二次固化

3. SLA 的后期处理中的清理任务是（　　）。

　　A. 去除残留在成品中的多余树脂　　　　B. 清理成品中残留的多余粉末

　　C. 清理干净起支撑作用的每一片纸片　　　　D. 去除多余的塑料

4. 不属于 SLA 技术的优势是（　　）。

A. 加工速度快，产品生产周期短，无须切削工具与模具

B. 材料种类丰富，覆盖行业领域广

C. 工艺成熟稳定，已有 50 多年技术积累

D. 尺寸精度高，表面质量好

5. 3D 打印最早出现的技术是（　　）。

A. SLA　　　　　　　　B. FDM　　　　　　　　C. LOM　　　　　　　　D. SLS

二、判断题

1. 光固化成形技术最早出现在 1981 年。　　　　　　　　　　　　　　　　　　（　　）

2. SLA 也称为立体印刷技术。　　　　　　　　　　　　　　　　　　　　　　（　　）

单元 2　成形材料

📖 单元结构

- ● 问题导入
- ● 认知学习
  - ➢ 液态光敏树脂
  - ➢ SLA 工艺对光敏树脂的要求
  - ➢ 常见光敏树脂介绍
- ● 拓展深化
- ● 分析与评价

📖 单元目标

1. 熟悉 SLA 成形材料的类型。

2. 了解 SLA 成形材料的要求。

3. 熟悉 SLA 成形材料的特点。

📖 问题导入

SLA 光固化成形可以将液态的材料固化成模型，是不是任意的液态材料都能通过光固化成形打印模型呢？

📖 认知学习

一、液态光敏树脂

1. 液态光敏树脂的定义

光固化快速成形的材料称为液态光固化树脂，或称为液态光敏树脂。

液态光敏树脂在一定波长（$\lambda = 325/355$ nm）和功率（$P = 30 \sim 40$ mw）的光源照射下，能迅速发生光聚合反应，分子量急剧增大，材料从液态转变成固态，如图 2.2.1 所示。根据波长的不同，可以分为紫外光光敏树脂和可见光光敏树脂。

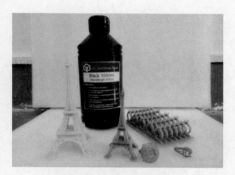

图 2.2.1　液态光敏树脂

2. 液态光敏树脂的组成

液态光敏树脂由预聚物（齐聚物）、光引发剂、反应性稀释剂、交联固化剂、光敏增感剂、热稳定剂、流平剂、抗氧剂等组成。

二、SLA 工艺对光敏树脂的要求

1. 黏度低

便于树脂在短时间内流平，减少加工时间，提高制作精度。

2. 光敏性高

光敏性高是指树脂所吸收波长的范围窄。SLA 光固化成形的扫描速度越高，零件加工所需的时间越短。要求光敏树脂在光束扫描到液面时立刻固化，而当光束离开后聚合反应必须立即停止，否则会影响精度。另外，光源寿命有限，光敏性差会延长固化时间，增加制作成本。

3. 固化收缩率小

光敏树脂在由液态转化为固态的过程中会产生内应力和收缩，导致原型件在制作过程中变形、翘曲、开裂等，影响制件的精度和机械性能。光敏树脂的固化收缩率是 SLA 制件精度主要的影响因素。

4. 机械性能良好

光固化成形要求制件有一定的硬度、强度等以满足使用的需要。

5. 溶胀小

在模型成形过程中，液态树脂一直覆盖在已固化的部分工件上面，能够渗入固化件内而使已经固化的树脂发生溶胀，造成零件尺寸发生增大。只有树脂溶胀小，才能保证模型的精度。

6. 储存稳定性好

储存稳定性好是指树脂在存放过程中不发生缓慢聚合反应，不发生因其中组分挥发而导致黏度增大以及不被氧化而变色等。

7. 毒性小

毒性小是指操作人员使用光敏树脂材料和 SLA 光固化设备不会造成伤害。一般来说，光敏树脂中的有机挥发物较少，对人体不会造成很大的危害，但对于专业操作人员经常使用光固化 3D 打印机来说，在使用和清理的过程中最好佩戴手套。

8. 成本低

现在 3D 打印市场的光敏树脂主要分为国产材料和进口材料，国产材料打印出来性能较之进口材料性能有一定的差异，国产树脂价格比较低，之前行业内最低的为 0.4 ~ 0.5 元 /g，但是基本都是出于吸引用户的目的。而进口的光敏树脂价格相对来说较贵，根据各家服务平台生产成本管控不同，价格也不尽相同，差距较大，总体价格应该在 0.8 ~ 2 元。

普通光敏树脂存在的缺点：

①对打印的工艺过程有较高要求，进行 3D 打印时需确保每一层铺设的树脂厚度完全一致。当聚合照射的深度小于层厚时，层与层之间黏合不紧，甚至会发生分层脱落的情况。

②如果聚合照射的深度大于层厚，将引起过固化，产生较大的残余应力引起翘曲变形，影响最终打印成形的精度。经过照射固化后的光敏树脂难于完全固化，往往需要进行二次固化处理。

③固化的光敏树脂硬度普遍较低、较脆、易断裂，性能往往不及常用的工业塑料。

④日常保存环境有严格的要求，需要避光保护才能防止提前发生聚合反应。

⑤液态树脂有气味和毒性，打印时最好能在隔离环境下进行，打印完成的物品基本是透明材质，选择比较单一。

三、常见光敏树脂介绍

1. 通用树脂

虽然 3D 打印树脂设备的厂商都出售自己的专有材料，然而，随着市场的需求，出现了大批的树脂厂商，包括 MadeSolid、MakerJuice 和 Spot-A 等。

通用树脂的颜色和性能很受局限，大概只有黄色和透明色的材料。近几年，颜色已经扩展到橘色、绿色、红色、黄色、蓝色、白色等。

2. 硬性树脂

通常用于桌面 3D 打印机的光敏树脂有点脆弱，容易折断和开裂。为了解决这些问题，许多公司开始生产更强硬、更耐用的树脂。

Formlabs 新推出的 Tough Resin 树脂材料在强度和伸长率之间取得了一种平衡，使 3D 打印的原型产品拥有更好的抗冲击性和强度，如制造一些需要精密组合部件的零部件原型，或者卡扣接头的原型。

3. 熔模铸造树脂

传统制造工艺具有复杂漫长的制作流程，并且受模具限制使得首饰的设计自由度低，尤其是与 3D 打印蜡模相比，多了蜡模的模具制作工序。

熔模铸造树脂的膨胀系数不高，并且在燃烧的过程中，所有的聚合物都需要烧掉，只留下完美的最终产品形状。否则，任何塑料残留物都会导致铸件的缺陷和变形。

4. 柔性树脂

柔性树脂制造商包括 Formlabs、FSL3D、Spot-A、Carbon、塑成科技等，这些制造商能生产一种中等硬度、耐磨、可反复拉伸的柔性树脂材料。这种材料被用于铰链和摩擦装置需要反复拉伸的零部件中。

5. 弹性树脂

弹性树脂是指在高强度挤压和反复拉伸下表现出优秀弹性的材料。Formlabs 的 Flexible 树脂是非常柔软的橡胶类材料，在打印比较薄的层厚时会很柔软，在比较厚的层厚时会变得非常有弹性和耐冲击。

6. 高温树脂

高温树脂是一个重要研发方向，对于液态树脂固化领域来说，树脂材料在使用中无法避免塑料老化的问题。氰酸酯（Cyanate Ester）树脂热变形温度高达 219 ℃，它在高温下保持良好的强度、刚度和长期的热稳定性，适用于汽车和航空工业的模具和机械零件。

在耐高温树脂这一领域，Formlabs 推出了最新的耐高温材料 High Temp Resin，用于制造小批量注塑件的模具，该材料在 0.45 MPa 的条件下变形温度可达 289 ℃。

7. 生物相容性树脂

生物相容性树脂需要对人体环境安全友好，Formlabs 公司的牙科 SG 材料符合 EN-ISO 10993—1：2009 /AC：2010 和 USP Ⅵ 级标准，对人体环境安全友好。该树脂的半透明性可以用作外科材料和导频钻导板。虽然它是针对牙科行业，但这种树脂可以适用于其他领域，尤其是整个医疗行业。

拓展

光敏树脂之新材料技术

针对传统用于光固化 3D 打印的光敏树脂缺乏功能性应用这一问题，通过新材料技术研发突破，市面上出现了具备满足应用场景的高性能光敏树脂。例如，RAYshape 公司研发的 Functional 系列光敏树脂，该系列树脂适用于 3D 打印功能原型、终端部件、工装夹治具、模具等应用方向，如图 2.2.2 所示。

韧性树脂 Tough 20 Resin 是一款具有较高韧性的树脂材料，韧性好，可反复弯折、扭拧不断裂，不易摔碎破裂，是一种非常好的功能原型材料，可以用于有一定力学要求的功能验证场合。

刚性树脂 Rigid 20 Resin 是一款具有较高刚度的树脂材料，具有较高的刚度和硬度，且蠕变较低，用于一些要求刚度的功能原型场合，但其抗冲击性能较差。

耐高温树脂 Hi-Temp 160 是一款耐高温材料，无须热后固化，热变形温度可达到 160 ℃，适用于需要耐高温的功能场合。但其相对偏脆，抗冲击性能偏低。

高强度树脂 Pro 10 比 Rigid 20 强度更胜，强劲不易弯折，具有较高的刚度和硬度，且蠕变较低，适用于一些要求高强度的功能原型场合。

红蜡树脂是一款高端模型树脂，细节表现力极佳，可轻易获得精细的材质纹理或细腻平滑的表面，是高端手办、潮玩的最佳模具材料，打印件可直接用于翻模或定制最终产品。

高透树脂 Clear 10 Resin 是一款具有较高透明度的树脂材料，具有高透明的特点，尤其是经过精细打磨和喷光油后，可以达到极佳的透明效果。

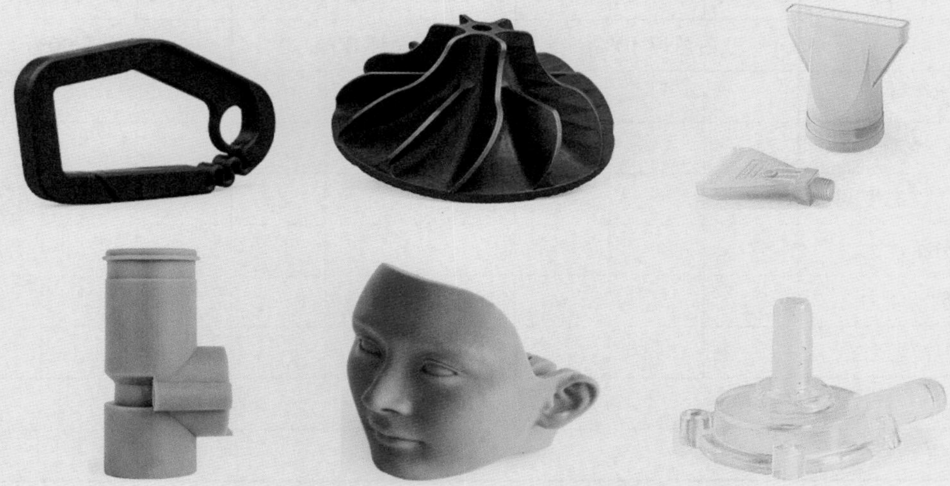

图 2.2.2　光敏树脂材料 3D 打印产品

拓展深化

①光固化成形所使用的材料是什么？这种材料有什么特点？

②查找资料，列举一些光固化成形技术使用的新材料。

分析与评价

_____ 项目学习任务评价表

班级 _____　　　学生姓名 _____　　　学号 _____

项　目	自我评价			小组评价			教师评价		
	9~10	6~8	1~5	9~10	6~8	1~5	9~10	6~8	1~5
	占总评 10%			占总评 30%			占总评 60%		
学习活动 1									
学习活动 2									
学习活动 3									
表达能力									

续表

项　目	自我评价			小组评价			教师评价		
	9 ~ 10	6 ~ 8	1 ~ 5	9 ~ 10	6 ~ 8	1 ~ 5	9 ~ 10	6 ~ 8	1 ~ 5
	占总评 10%			占总评 30%			占总评 60%		
协作精神									
纪律观念									
工作态度									
分析能力									
创新能力									
操作规范性									
小　计									
总　评									

任课教师：_____　　　　　　　　　　　　　年　月　日

课后练习题

一、单选题

1. 对光敏树脂的性能要求不包括（　　）。

　　A. 成品强度高　　　　B. 毒性小　　　　　　C. 黏度低　　　　　　D. 固化收缩小

2. SLA 技术使用的原材料是（　　）。

　　A. 光敏树脂　　　　　B. 粉末材料　　　　　C. 高分子材料　　　　D. 金属材料

3. 光敏树脂一般为（　　），其固化速度快，表干性能优异。

　　A. 液态　　　　　　　B. 固态　　　　　　　C. 气态　　　　　　　D. 挥发态

二、判断题

1. SLA 技术可联机操作，可远程控制，有利于生产的自动化。　　　　　　　　　　（　　）

2. 光固化成形技术的材料不受限制。　　　　　　　　　　　　　　　　　　　　　（　　）

3. 大部分商用增材制造系统设备，包括 3D Systems 的 SLA 机器中的光聚合物都是在紫外线照射下固化。　　　　　　　　　　　　　　　　　　　　　　　　　　　　　　　（　　）

单元 3　SLA 成形应用实践

● 问题导入
● 认知学习
● 实践学习
　　➢ 实践步骤
　　➢ SLA 光固化打印机拆卸实验
　　➢ 任务回顾与总结
● 拓展深化
● 分析与评价

📖 单元目标

1. 了解光固化（SLA）成形的基本原理。
2. 熟悉光固化（SLA）打印机的基本构造和模型制作过程。
3. 能够运用 SLA 方法完成简单零件的 3D 打印。

📖 问题导入

　　人们的日常生活离不开耳机，地铁上、马路上、电梯里，可以看见大家戴着各式各样的耳机。对于追求标新立异、特立独行的年轻人来说，更想要一款与众不同的耳机。3D 打印技术不受模型复杂程度的影响，可以实现个性化定制。

📖 认知学习

　　如图 2.3.1 所示为 RP-400 3D 打印机，其参数见表 2.3.1。

光固化打印机
简介视频

图 2.3.1　RP-400 3D 打印机

表 2.3.1　RP-400 3D 打印机参数

系列名称	RP-400-T
成形范围	384 mm × 216 mm × 340 mm
打印精度	50 μm
打印分辨率	34 μm
功能特点	自动处理
主要应用	通用（教育）
曝光原理	上置式面阵曝光成形
设备尺寸	840 mm × 840 mm × 1 750 mm
机身质量	248 kg
成形材料	光敏树脂
数据格式	STL、SLC

实践学习

耳机模型

一、实践步骤

①利用熟悉的三维建模软件完成耳机模型的建模，导出 STL 格式文件。

②通过 Prismlab RP400 3D 打印机配套的 Prismlab Rapid 3D 工艺软件对耳机模型进行自动排版，确定零件摆放方式、支撑方式以及工艺参数等。

③调整打印机，整版可打印 106 个耳机模型，如图 2.3.2 所示。

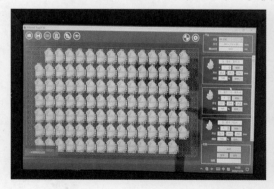
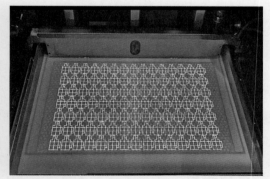

图 2.3.2　耳机模型

④观察光固化成形的工作过程，根据设置的工艺参数，打印用时约 2 h，如图 2.3.3 所示。

⑤打印完成后，工作台移开液面，停留 5 ~ 10 min 以晾干滞留在成形件表面和排除包裹在成形件内部多余的树脂，并且将打印好的耳机模型从工作台取下来。

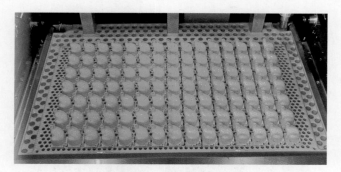

图 2.3.3 打印用时约 2 h

注意：取下模型需要一定的技巧，不能用蛮力去撬。如果使用的是刚性树脂，很容易把底部撬断，甚至连带着支撑断裂，损伤模型表面。取下模型时要有耐心，用铲刀围绕着底部四周，直到找到切入点，再慢慢深入让模型与打印平台分离，如图2.3.4 所示。

图 2.3.4 将打印好的耳机从工作台取下来

⑥将耳机放在酒精里浸泡清洗约 5 min，搅动并刷掉残留的气泡，如图 2.3.5 所示。

图 2.3.5 酒精浸泡清洗约 5 min

光固化设备操作
流程视频

⑦原型清洗完毕后，去除支撑结构，即将成形件底部及中空部分的支撑去除干净。去除支撑时应注意不要刮伤成形件表面和精细结构（图 2.3.6）。缝隙或是较难去除的地方需要通过后期打磨去除。

图 2.3.6　快速去除支撑

⑧将耳机置于紫外烘箱中进行整体后固化，对有些性能要求不高的原型，可以不作后固化处理，如图 2.3.7 所示。

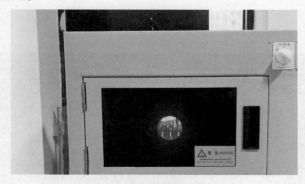

图 2.3.7　固化处理

⑨耳机成品效果如图 2.3.8 所示。

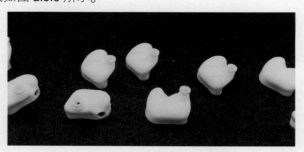

图 2.3.8　耳机成品效果

二、SLA 光固化打印机拆卸实验

（一）实验目的

①了解 SLA 光固化 3D 打印机中各零件的用途和结构特点，为课程设计奠定结构设计的基础。

②通过现场学习及实践，加深学生对 SLA 3D 成形工艺的理解。

（二）实验要求

①了解 SLA 光固化 3D 打印机中各零件的结构和作用。
②学习查阅手册和有关资料。
③按指导书的要求完成实验中的规定项目。

（三）实验设备和工具

光固化 SLA 3D 打印机一台（图 2.3.9）。
拆装工具：内六角螺丝刀一套。

图 2.3.9　SLA 3D 打印机（LD001）

（四）实验报告

①简述 SLA 光固化 3D 打印机的工作原理。

_____

_____

②观察 SLA 光固化 3D 打印机外部形状及结构，了解各部位及其功用。简述 SLA 光固化
3D 打印机大概分为几个部分。

_____

_____

③简述 SLA 光固化 3D 打印机操作步骤及后处理工序。

_____

_____

④为什么光固化打印零件后需进行喷涂酒精清洗处理？

_____

_____

⑤排除故障：打印出的零件出现未完全凝固的状态，请分析原因并提出解决办法。

_____

_____

⑥小结 SLA 光固化 3D 打印机结构设计中如何考虑装拆时所注意的问题。

_____

_____

_____

⑦底部的电控系统部分不要求拆卸，但是需了解每个 PCB 板的大致功能。

_____

_____

_____

⑧将 SLA 激光光固化 3D 打印机复原装好。

⑨经指导老师检查装配良好、工具齐全后，方能离开现场。

三、任务回顾与总结

①总结光固化成形工艺流程。

②光固化成形所需的零件模型如何获取？

③光固化成形有哪些工艺参数以及如何设置工艺参数？

④光固化成形的后处理方式有哪些？

拓展深化

①列举目前国内比较热门的光固化成形打印机的名称及所属公司。

②光固化打印的模型可以应用在哪些场合？列举 3 种具体的应用实例。

分析与评价

_____ 项目学习任务评价表

班级 _____   学生姓名 _____   学号 _____

项　目	自我评价			小组评价			教师评价		
	9 ~ 10	6 ~ 8	1 ~ 5	9 ~ 10	6 ~ 8	1 ~ 5	9 ~ 10	6 ~ 8	1 ~ 5
	占总评 10%			占总评 30%			占总评 60%		
学习活动 1									
学习活动 2									
学习活动 3									
表达能力									
协作精神									
纪律观念									

续表

项　　目	自我评价			小组评价			教师评价		
	9～10	6～8	1～5	9～10	6～8	1～5	9～10	6～8	1～5
	占总评 10%			占总评 30%			占总评 60%		
工作态度									
分析能力									
创新能力									
操作规范性									
小　　计									
总　　评									

任课教师：＿＿＿＿＿＿＿＿＿＿＿＿　　　　　　　　　　　　　年　月　日

课后练习题

一、单选题

1. SLA 技术特有的后处理技术是（　　）。

A. 取出成形件　　　　　　　　　　　B. 固化成形件

C. 去除支撑　　　　　　　　　　　　D. 排出未固化的光敏树脂

2. 光敏液相固化法 SLA 成形精度可达（　　）。

A. ±1 mm　　　　　B. ±0.1 mm　　　　　C. ±0.01 mm　　　　　D. ±0.001 mm

二、判断题

1. 在后处理过程中，通常用清洁剂清除未发生光化学反应的残留光敏树脂。　　　　（　　）

2. SLA 的后期固化处理可以省略。　　　　　　　　　　　　　　　　　　　　（　　）

3. SLA 工艺打印完成之后不需要去除支撑。　　　　　　　　　　　　　　　　（　　）

4. 光敏树脂是在所有波长紫外光的照射下能迅速发生光聚合反应，分子量急剧增大，材料也就从液态转变成固态。　　　　　　　　　　　　　　　　　　　　　　　　　（　　）

5. 在光固化快速成形工艺中，前处理施加支撑工艺需要添加支撑结构。支撑结构的主要作用是防止翘曲变形，作为支撑保证形状。　　　　　　　　　　　　　　　　　　（　　）

单元 4　DLP 数字光处理技术

单元结构

- 问题导入
- 认知学习
  - ➤ DLP 的概念
  - ➤ DLP 数字光处理技术的工作原理
  - ➤ DLP 数字光处理技术的特点
  - ➤ DLP 数字光处理技术的材料
  - ➤ DLP 数字光处理技术的发展现状
- 拓展深化
- 分析与评价

单元目标

1. 理解 DLP 数字光处理技术的基本原理。
2. 了解 DLP 数字光处理技术的特点。
3. 了解 DLP 3D 打印机的组成。

问题导入

通过之前模块的学习，知道传统的光固化成形速度较慢，这限制了光固化成形工艺的应用场合。在保证成形精度的情况下，如何提高光固化成形的速度是需要解决的问题。

本单元引入新的光固化成形工艺——DLP 技术，并与传统光固化成形工艺作对比。

认知学习

一、DLP 的概念

DLP 数字光处理技术和 SLA 光固化成形技术比较相似，是采用光敏树脂作为打印材料，不同的是 SLA 的光线是聚成一点在面上移动，而 DLP 在打印平台的顶部放置了一台高分辨率数字光处理器投影仪，将光打在一个面上来固化液态光聚合物，逐层地进行光固化，速度比同类型的 SLA 立体平版印刷技术速度更快。如图 2.4.1 所示为 DLP 技术打印的 3D 效果。

图 2.4.1　DLP 技术打印 3D 效果图

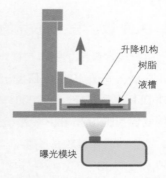

升降机构
树脂
液槽

曝光模块

图 2.4.2　DLP 光固化 3D 打印
技术的工作原理

二、DLP 数字光处理技术的工作原理

DLP 数字光处理
技术微课

DLP 数字光处理技术的工作原理如图 2.4.2 所示，DLP 投影机发出紫外线光源，照射到光固化树脂，液态树脂遇紫外线发生聚合反应固化。在控制系统的控制下对每一层的轮廓信息进行扫描，固化一个薄层之后，Z 轴建构移动方向移动一个厚度，进行下一次扫描，两层之前完成黏接，以此层层累加，最终形成实体。最后将成品从料槽中拿出，清洗，去掉支撑。DLP 技术与 SLA 技术一样，会用到刮板，这是因为液态树脂具有高黏性，一层完成之后很难在短时间内保持水平，会对精度造成一定的影响，需要刮板辅助，让树脂更加均匀地涂在上一层中，提高最终实体的质量。

三、DLP 数字光处理技术的特点

具体来讲，DLP 数字光处理技术具有传统 SLA 成形的优势，除此之外，还具有以下优点：

① DLP 数字光处理技术从开始加工到完成成品，一气呵成，中途不需进行二次操作，自动化程度比较高。

②用液态光敏树脂作为原材料，材料利用率比较高，可以加工结构比较复杂且精度要求较高的成品。

DLP 数字光处理技术并非十全十美，它有传统 SLA 成形的缺点，比如：

①在固化的过程中，会发生物理变化和化学变化，可能会发生弯曲，变形较大。

②光敏树脂比较脆，容易发生断裂，保存时要避光且有一定的腐蚀性。

③紫外线光源比较贵，且这项技术的整体设备维护价格比较昂贵。

四、DLP 数字光处理技术的材料

DLP 与 SLA 工艺一样，也是采用光敏树脂作为打印材料。DLP 工作时需要将液态的光敏树脂放置在器皿内，然而物体打印时不需要那么多的树脂材料，且长期暴露在外的光敏树脂很容易变硬，不能再行使用，使用 DLP 成形技术制造物体时容易造成材料的浪费。

五、DLP 数字光处理技术的发展现状

DLP 技术最早是由美国德州仪器（TI）公司开发的，至今仍然是此项技术的主要供应商。德州仪器公司于 1987 年研发出数字微镜器件（digital Micro mirror device，DMD），于 1993 年创建 DLP 产品总部，于 2009 年推出了 DLP Pico 投影机开发套件。DLP 的核心部件就是数字微镜器件（DMD），DLP 投影机运动是 DMD 芯片的反射成像原理，固化光敏树脂所需的紫外线，不会对投影机造成伤害，且在对比度、亮度、分辨率等方面均有较高的性能。最近几年该技术放入 3D 打印中，利用机器上的紫外光（白光灯），照出一个截面的图像，把液态的光敏树脂固化。该技术成形精度高，在材料属性、细节和表面光洁度方面可匹敌注塑成形的耐用塑料部件。

德国的 envision 公司在 DLP 光固化技术研究方面尤为突出。国内有西安交通大学的卢秉恒院士的团队，他们对光固化技术深入研究，为光固化技术在国内的推广应用作出了巨大贡献。DLP 光固化 3D 打印技术以其高质量的成形性能、较高的强度和硬度，某些特别复杂件、特别精细件成形的能力而受到广泛应用。目前它存在的问题是光敏树脂成本较高，设备费用高，并且打印物品的尺寸受到一定限制等一些问题，全世界研究机构都在致力研究并改善这些问题，相信不久的将来 DLP 光固化技术会更加普及。

拓展

前沿的 3D 打印技术之 CLIP 技术

成立于 2013 年位于美国加利福尼亚州的一家 3D 打印初创公司 Carbon，在 2015 年 *Science* 的论文中介绍了其革命性的 3D 打印技术——连续液体界面成形（Continuous Liquid Interface Production，CLIP）。CLIP 技术利用光固化树脂，以氧气作为抑制剂，在液体中成形三维物体，其成形速度比当时市场上任意一种 3D 打印技术快 25 ～ 100 倍。

CLIP 技术源自传统的 Bottom-up DLP。该技术的关键是氧气抑制，这通常被认为是传统 SLA/DLP 的缺点，氧气淬灭了由紫外光激发光引发剂形成的自由基，导致固化不完全、表面发黏。而 CLIP 是通过利用氧气来抑制固化从而达到高速打印的目的。在紫外图像投影平面下方具有透氧窗口，产生"死区"（持久性液体界面），在透氧窗口和聚合部分之间抑制聚合反应。这样，固化部分不会黏附到料盒的底部，省去了最为耗时的剥离步骤，打印速度高达 50 cm/h，甚至更快。这种打印速度，让传统 SLA/DLP 望尘莫及，如图 2.4.3 所示。

图 2.4.3　CLIP 技术

拓展深化

查阅资料，了解其他与光固化成形相关的先进 3D 打印技术，并介绍其工作原理。

分析与评价

_____ 项目学习任务评价表

班级 _____　　　　学生姓名 _____　　　　学号 _____

项　目	自我评价			小组评价			教师评价		
	9～10	6～8	1～5	9～10	6～8	1～5	9～10	6～8	1～5
	占总评 10%			占总评 30%			占总评 60%		
学习活动 1									
学习活动 2									
学习活动 3									
表达能力									
协作精神									
纪律观念									
工作态度									
分析能力									
创新能力									
操作规范性									
小　计									
总　评									

任课教师：_____　　　　　　　　　　　　　年　月　日

课后练习题

一、选择题

1. 不属于 DLP 3D 打印工艺设备的光源是（　　）。

　　A. 卤素灯泡　　　　B. LED 光源　　　　C. 紫外光源　　　　D. 激光

2. DLP 3D 打印工艺使用的材料是（　　）。

　　A. 光敏树脂　　　　B. 粉末材料　　　　C. 高分子材料　　　　D. 金属材料

二、判断题

1. 大部分商用增材制造系统设备，包括 3D Systems 的 SLA 机器中的光聚合物都是在紫外线照射下固化的。   （   ）

2. DLP 使用的数字微镜器件将自然光线分解为红、黄、蓝 3 种基色光。   （   ）

3. DLP 工艺比传统的 SLA 工艺的打印时间快。   （   ）

4. CLIP 技术是在 DLP 工艺基础上衍生的一种新型 3D 打印技术。   （   ）

激光选区熔化（SLM）成形工艺

本模块主要围绕 SLM 成形工艺展开学习，包含成形工艺原理，设备、成形材料及典型金属零件成形全流程 3 个维度来学习 SLM 成形工艺的应用，让同学们对金属零件的工业化增材制造过程有所了解。

模块目标

1. 了解 SLM 基本原理。

2. 掌握 SLM 成形工艺对应的模型前处理和后处理的操作方法。

3. 能够运用 SLM 成形技术打印简单零件（包含设计、前处理、打印、后处理）。

学习地图

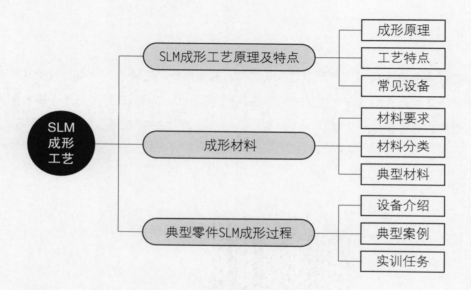

建议学时

14 学时。

单元 1　SLM 成形工艺原理及特点

单元结构

- 问题导入
- 认知学习
  - ➤ SLM 的概念
  - ➤ SLM 成形工艺原理
  - ➤ SLM 成形设备
- 拓展深化
- 分析与评价

单元目标

1. 了解 SLM 成形工艺的成形原理。
2. 熟悉 SLM 设备工作原理及成形过程。
3. 理解 SLM 成形工艺参数。
4. 了解 SLM 成形工艺特点。

问题导入

　　如果你要镶牙，医院会和你预约对你的口腔和牙齿进行全方位扫描，大约一个星期后你的钛合金牙冠就做好了，医院会通知你进行后续的治疗。目前大部分钛合金牙冠均采用 SLM 方法成形（图 3.1.1），而一次成形的牙齿可以多达 100 颗，这些钛合金牙齿每颗都不同，激光选区熔化技术是如何实现这么多钛合金牙冠的个性化、定制化制造呢？能否在办公室就打印自己的钛合金牙冠呢？

图 3.1.1　齿科牙冠 SLM 成形

SLM 成形原理
微课

认知学习

一、SLM 的概念

选择性激光熔化（Selective Laser Melting，SLM）是目前应用较为广泛的金属零件直接增材制造方法，它可以利用单一金属或混合金属粉末直接制造出具有冶金结合、致密性接近 100%、有较高尺寸精度和较好表面粗糙度的零件，零件经过简单后处理后可以直接使用。

激光选区熔化（SLM）成形原理：采用高能量密度激光，根据轮廓数据逐层选择性地熔化金属粉末，快速凝固后形成冶金结合的金属零件，如图 3.1.2 所示。

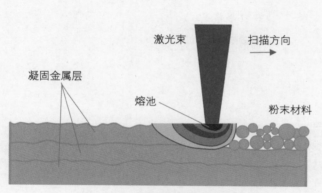

图 3.1.2　SLM 成形原理图

图 3.1.3　GE 燃油喷嘴

金属零件的传统制造方法包括铸造、锻造、焊接以及数控加工，以上方法加工周期长，成本高，不适合复杂零件的小批量生产。

SLM 能够直接快速成形具有复杂结构的金属零件，应用范围非常广泛，主要应用领域包括医疗、模具、航空航天、创新设计等。

GE 燃油喷嘴（图 3.1.3）是 SLM 成形最经典的案例，该零件内部有 14 条精密的流体通道，原来由 20 个部件通过焊接组装成形，通过 SLM 方法可以一次成形。新喷嘴质量比上一代轻 25%，耐用度是上一代的 5 倍，成本效益比上一代高 30%。GE 奥本工厂凭借 40 多台 3D 打印机在 2017 年总共交付了 8 000 个燃油喷嘴。目前，GE 增材打印了超过 10 万个航空发动机燃油喷嘴，并实际应用于其最先进的"LEAP 发动机"中，空客 A320 NEO、波音 737 MAX 和我国制造的 C919 大型客机都采用了该款发动机。

二、SLM 成形工艺原理

SLM 成形工艺过程如图 3.1.4 所示。

①将三维 CAD 模型切片离散并规划扫描路径，得到可以控制激光束的路径信息。

②计算机逐层调入路径信息，通过扫描振镜控制激光束选择性地熔化金属粉末，未被激光照射区域的粉末仍显松散状。

③加工完一层后，粉缸上升，成形缸降低切片厚度的高度，水平刮板将粉末刮到成形平台上。

④激光对新铺粉末进行熔化，与上一层已凝固金属融为一体。重复以上工程，直到成形过程完毕，得到与三维实体模型相同的金属零件。

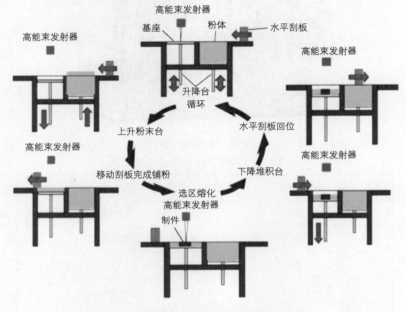

图 3.1.4　SLM 成形工艺过程

三、SLM 成形设备

（一）SLM 典型设备

世界范围内已经有多家成熟的 SLM 设备制造商，包括德国 EOS 公司、SLM Solutions 公司、3D system 公司，中国公司包括西安铂力特、华曙高科、鑫金合、汉邦等。上述厂家都开发出了不同型号的机型，包括不同的零件成形范围和针对不同领域的定制机型等，以适应市场的个性化需求。

3D system 公司的 DMP Flex 350 成形设备如图 3.1.5 所示，它是一款高性能金属增材制造系统，是一款全天候（7 d/24 h）使用的工业级金属激光选区熔化 3D 打印设备，具备高吞吐量与高度可重复性，能制造难度较高的合金材料，也能生产高品质的致密部件。DMP Flex 350 成形金属零件致密度可以达到近乎 100%，可以打印不锈钢、钴铬合金、钴铬钼合金、马氏体钢、钛合金、纯钛、超级合金和铝合金等材料，设备主要参数见表3.1.1。

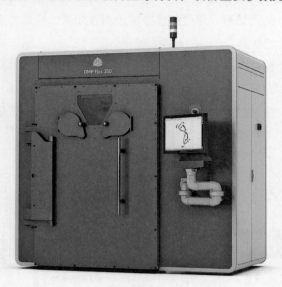

图 3.1.5　SLM 成形设备 DMP Flex 350

表 3.1.1　DMP Flex 350 的主要参数

系统规格	参　数
激光功率	500 W
光斑直径	65 μm
最大成形体积	275 mm × 275 mm × 380 mm
表面粗糙度	Ral5~40 μm
尺寸精度	20~100 μm
氧含量	20×10^{-6}
铺粉厚度	10 ~ 100 μm
最小壁厚	0.3 ~ 0.4 mm
最大扫描速度	7 m/s
最大成形效率	35 cm³/h
送粉方式	双粉仓供粉
刮刀类型	软刮刀（硅胶条）

（二）SLM 系统组成

SLM 成形设备硬件简图如图 3.1.6 所示，SLM 成形设备主要由光路系统、粉末管理系统、气氛管理系统和气体净化系统 4 个部分组成。以 DMP Flex 350 设备为例对 SLM 设备结构进行讲解。

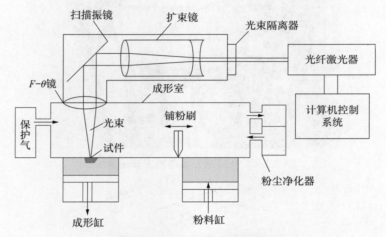

图 3.1.6 SLM 成形设备简图

1. 光路系统

SLM 方法主要依靠高能激光束对厚度为 10 ～ 100 μm 金属粉末的快速熔化及凝固实现，激光源是 SLM 设备最核心也是最昂贵的元器件，也可以说大功率激光源的出现才有了 SLM 成形技术，目前 SLM 成形通常采用 200 ～ 500 W 光纤激光器。

光路系统主要为 SLM 成形提供足够熔化金属粉末的激光束以及控制激光束沿指定路径进行 X/Y 平面快速移动的功能，目标是长时间输出稳定具有较小的光斑范围和较高能量密度的能量源。如图 3.1.6 所示，光路系统一般包括高功率激光器、激光器水冷装置、扩束镜、扫描振镜等组成。

2. 粉末管理系统

粉末管理系统主要负责粉末材料的储存和铺粉工作。如图 3.1.7 所示，DMP Flex 350 的粉末管理系统包括 1 个成形缸、两个粉缸、刮刀（图 3.1.8）及滑轨，以及负责成形缸和两个粉缸上下移动的传动装置。小型设备一般用单粉缸送粉，而双粉缸可以一次容纳更多的材料，可以成形更大的零件，双粉缸还可以实现双向送粉，可以加快打印速度，适用于大型设备。大多数 SLM 成型设备的粉末管理系统是集成在整个设备中的，DMP Flex 350 设备为了满足未来设备的 7 d × 24 h 不间断工作，设计了可以与主机分离的粉末管理系统，这样可以将 SLM 成形的前处理以及后处理与 SLM 成形过程分离，充分提高 SLM 成形设备使用效率。

打印开始前粉末材料被放置在成形缸两侧的粉缸中，每层打印完成后成形缸下降一个层厚，然后粉缸提升一个层厚，刮刀（图 3.1.8）将粉缸中的金属粉末均匀地铺放到成形缸中，多余的粉排到另一侧的粉缸中，如此往复进行。成形结束后，提升成形缸，零件从金属粉末中取出。

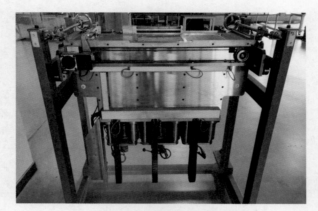

图 3.1.7　SLM 成形设备粉末管理系统

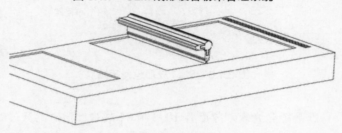

图 3.1.8　刮刀

3. 气氛管理系统

激光将金属粉末熔化过程中极易与气氛中的其他元素发生反应，最常见的为氧化反应，发生氧化反应后 SLM 成形零件的力学性能会大幅下降。SLM 设备中设备的密封性、成形腔内氧含量都是设备好坏的重要指标。为降低设备内含氧量，设备在成形前均会反复抽真空、通氩气，最终实现成形腔体的高气压、低含氧量，一般 SLM 设备要求成形过程中含氧量控制在 100×10^{-6} 以下，而 DMP Flex 350 设备要求气压达到 150 mbar（$1\ \mathrm{Pa}=10^{-5}$ bar），氧含量降低到 20×10^{-6} 以下设备才能进行打印。

一般材料可以采用氮气保护，而像钛合金这样比较活泼的金属只能采用氩气作为保护气体。气氛管理系统主要包括设备的密闭型腔、真空泵（图 3.1.9）、气体检测装置、控制阀等。

图 3.1.9　真空泵和气氛管理系统

4. 气体净化系统

在 3D 打印过程中，金属蒸气会逐渐冷凝成黑色烟尘，夹带的粉末在喷射后会部分聚集在粉床表面，降低成形零件质量，烟尘还会影响激光束的折射和吸收，导致到达粉床表面的激光功率降低以及光束形状失真。SLM 成形设备需要设计合理的风场，既不能对金属粉末产生影响，又可以将所有黑色烟尘导入过滤装置。净化系统包括风扇、分口、过滤系统等，如图 3.1.10 所示。

（a）气体过滤器　　　　　　　　　　　（b）风扇

图 3.1.10　气体净化系统

（三）SLM 的优点与缺点

1. SLM 的优点

与其他 3D 打印成形方法相比，SLM 成形方法具有以下优势：

（1）成形材料广泛

从理论上讲，任何金属粉末都可以使用高能激光束熔化，只要将金属材料制备成合格的金属粉末，就可以通过 SLM 技术直接成形具有一定功能的金属零部件。除了常见的不锈钢、铝合金、钛合金以及高温合金，钨合金、钽合金的 SLM 工艺成形均有报道。

（2）对零件复杂程度不敏感

传统复杂金属零件的制造需要多种工艺配合才能完成，而 SLM 技术是由金属粉末原材料直接一次成形最终制件，与制件的复杂程度无关，简化了复杂金属件的制造工序，缩短了复杂金属制件的制造时间，提高了制造效率。

（3）制件材料利用率高

传统机加工金属零件的制造主要是通过去除毛坯上多余的材料而获得所需的金属制件。而用 SLM 技术制造零件耗费的材料基本上和零件实际相等，在加工过程中未用完的粉末材料可以重复利用，其材料利用率高达 90% 以上。

（4）零件综合质量优良

SLM 技术采用小光斑高能量密度成形，且金属粉末粒径很小，成形零件有较高尺寸精度及良好的表面粗糙度。SLM 成形零件的内部组织是在快速熔化 / 凝固的条件下形成的，显微组织往往具有晶粒尺寸小、组织细化、增强相弥散分布等优点，相对密度能达到近乎 100%，从而使制件表现出特殊优良的综合力学性能，通常情况下其大部分力学性能指标都超过铸件，达到锻件性能。

2. SLM 的缺点

与其他 3D 打印成形方法相比，SLM 成形方法具有以下缺点：

（1）成形设备昂贵

大功率激光器价格昂贵、运动部件控制精度高、设备气密性要求严格等导致 SLM 设备价格总体较高。配备 500 W 光纤激光器、成形尺寸在直径 100 mm SLM 设备价格在 100 万元左右，而拥有多个激光器的大幅面 SLM 设备价格在上千万元。

（2）疲劳等力学性能差

尽管 SLM 技术能够直接成形出复杂且满足力学性能要求的金属零件，且常规力学性能达到或超过锻件水平，但是目前 SLM 技术研究尚处于起步阶段，无法彻底消除零件内部空洞性缺陷、各向异性以及铸态组织问题，最终导致 SLM 成形材料在长时间力学性能如疲劳性能、持久性能以及蠕变性能都不稳定。

拓展深化

某新型汽车座椅后排模块化扶手平台由 20 种、共计 27 个金属零件组成，传统工艺需要 1 个月的时间才能完成试制，而采用 SLM 方法可 65 h 一次打印成形所有零件。成形零件无表面缺陷，装配后新型汽车座椅后排模块化扶手平台达到设计要求，整个流程共计 5 个工作日完成，缩短了扶手平台研发周期，如图 3.1.11—图 3.1.13 所示。

新型汽车座椅模型

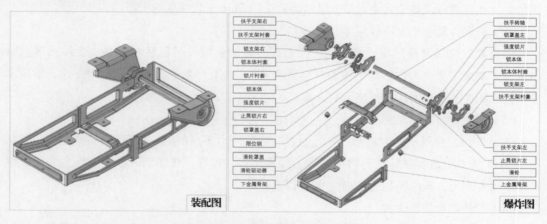

图 3.1.11　模块化扶手平台示意图

图 3.1.12　SLM 成形的零件

图 3.1.13　后座椅扶手平台组装图

分析与评价

_____ 项目学习任务评价表

班级 _____　　　　学生姓名 _____　　　　学号 _____

项　　目	自我评价			小组评价			教师评价		
	9～10	6～8	1～5	9～10	6～8	1～5	9～10	6～8	1～5
	占总评 10%			占总评 30%			占总评 60%		
学习活动 1									
学习活动 2									
学习活动 3									
表达能力									
协作精神									
纪律观念									
工作态度									
分析能力									
创新能力									
操作规范性									
小　计									
总　评									

任课教师：_____　　　　　　　　　　　　　　　年　月　日

课后练习题

一、单选题

1. 以下不是 SLM 优点的是（   ）。
   A. 成形零件精度高，表面质量好　　　　B. 可以成形具有复杂内部结构的零件
   C. 可以实现大型金属零件的快速制造　　D. 成形零件力学性能达到锻造水平

2. 以下参数对金属零件 SLM 过程影响较大的是（   ）。
   A. 真空度　　　　　B. 含氧量　　　　　C. 气压　　　　　D. 含氮量

3. SLM 成形设备中不包括的系统为（   ）。
   A. 送丝系统　　　　B. 光路系统　　　　C. 粉末管理系统　　　　D. 气氛管理系统

二、判断题

1. SLM 方法是目前金属零件增材制造中应用较为广泛的方法。　　　　　　　（   ）

2. 采用激光作为热源的增材制造方法称为激光选区熔化方法。　　　　　　　（   ）

3. SLM 方法目前多使用 200 W 和 500 W 激光器进行金属粉末的熔融。　　　（   ）

4. SLM 方法只能进行小型金属零件的制造。　　　　　　　　　　　　　　　（   ）

5. 金属零件 SLM 成形后可以直接从基板中取出。　　　　　　　　　　　　（   ）

6. 成形一般金属材料时 SLM 设备不需要抽真空，需填充惰性气体。　　　　（   ）

单元 2　成形材料

单元结构

● 问题导入
● 认知学习
　➤ SLM 成形常用材料及应用
　➤ SLM 使用材料基本要求
　➤ SLM 使用材料的特点
● 拓展深化
● 分析与评价

单元目标

1. 了解 SLM 常用粉末材料的种类及用途。
2. 熟悉 SLM 使用材料的基本要求。
3. 了解粉末床成形工艺的基本特点。

叶轮三维模型

问题导入

　　叶轮是指装有动叶的轮盘，是冲动式汽轮机、压气机、水泵等精密设备的核心零件，传统加工方法为锻态圆柱形毛坯数控加工，材料利用率较低，单个金属叶轮的定制加工在价格及生产周期上都是难以接受的。采用 SLM 方法可以快速获得一个叶轮，而且可以任意修改其结构，实现产品的快速迭代。可以说 3D 打印是每个产品设计师的福音。

　　三维激光扫描仪对 SLM 方法成形叶轮与理论模型进行比对分析，分析结果如图 3.2.1—图 3.2.4 所示。叶轮最大尺寸偏差出现在叶片顶部区域，最大值为 0.198 8 mm。

图 3.2.1　叶轮三维模型

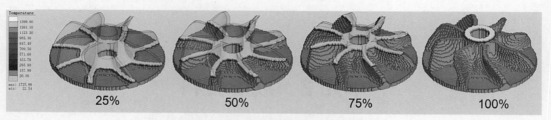

图 3.2.2　叶轮 SLM 成形过程中温度场分布

图 3.2.3　SLM 成形叶轮

图 3.2.4　SLM 成形叶轮三维扫描结果

📖 认知学习

一、SLM 成形常用材料及应用

金属粉末的质量直接决定了 SLM 成形零件的最终质量，金属粉末的制备是 SLM 技术最重要和最关键的技术之一。SLM 成形一般采用 10 ～ 53 μm 粒径（头发丝的直径一般为 40 ～ 70 μm）的球形金属粉末，目前常用的金属粉末包括铁合金、铜合金、铝合金和钛合金（图 3.2.5、图 3.2.6）。

图 3.2.5　金属粉末

图 3.2.6　金属粉末微观图片

（一）铁基合金

铁基材料就是人们通常所说的钢铁材料，在日常生活中应用较多，传统采用铸造、锻造、焊接以及数控加工成形，其最大的特点是综合力学性能良好，加工性能好，材料价格低廉。SLM 用铁基粉末主要由传统铁基材料通过化学成形而得到，主要包括 304L 不锈钢、316L 不锈钢、H13 模具钢、18Ni300 模具钢等。铁基粉末材料价格较低，力学性能与原始材料相近，SLM 成形工艺成熟，目前使用较为广泛，主要用途包括汽车钣金件打印（图 3.2.7）、无特殊要求金属零件打印、结构验证件打印、注塑模具随形冷却水道镶件打印（图 3.2.8）。

随形冷却水道镶件模型

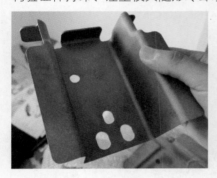

图 3.2.7　汽车钣金件打印

（a）零件模型　　（b）零件实体　　（c）零件内部流道

图 3.2.8　随形冷却水道镶件

（二）钛基合金

钛合金具有耐高温、高耐腐蚀性、高强度、低密度、生物相容性等优点，广泛应用于航空航天及医疗行业，传统采用锻造成形。在用于人体硬组织修复的金属材料中，Ti 的弹性模量与人体硬组织接近，为 80 ~ 110 GPa，这可减轻金属种植体与骨组织之间的机械不适应性。目前使用 SLM 方法成形的钛合金材料主要包括 TA2、TA15、TC2、TC4、TB6 等，其中 TC4（Ti6AL4V）是目前应用较为广泛的钛合金材料，在医疗方面主要为人体植入物和牙齿，在航空航天领域主要解决零件减重问题，如图 3.2.9、图 3.2.10 所示。

　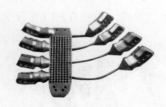

图 3.2.9　医疗植入物

图 3.2.10　SLM 成形钛合金发动机部件

（三）镍基合金

镍基合金是高温合金的一种，含有大量的 Ni、Nb、Mo、Ti 等化学元素，通常使用温度在 540 ℃以上，在 650 ℃以上可以长时间使用，广泛应用于航空航天、发动机、核反应器。镍基高温合金化学成分复杂，在冶炼过程中偏析严重，机加工性能差，目前使用 SLM 方法成形的镍基合金材料主要包括 Inconel625，Inconel718，GH4169，waspaoly 合金等，如图 3.2.11 所示。

图 3.2.11　高温合金打印

图 3.2.12　不同摆放方式情况下成形的铝合金扳机

（四）铝基合金

铝合金材料具有材料密度低、比强度高、耐腐蚀性强、加工性能好等特点，在航空航天、汽车等行业大量应用，是工艺中应用较为广泛的有色金属材料。SLM 成形铝合金比较困难，主要原因包括：①铝粉流动性差；②铝具有较高的反射率和导热率，需要大功率激光成形；③铝合金容易形成氧化膜，氧化膜大大降低铝合金零件成形质量。经过大量实验验证，目前 AL-Si-Mg 系铝合金比较适合 SLM 成形，目前工业使用最多的是 ALSi10Mg。如图 3.2.12 所示为铝合金板机，如图 3.2.13 所示为铝合金卫星支架。

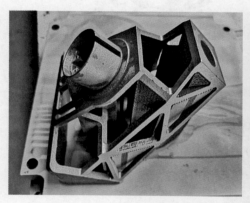

SLM 成形铝合金
支架模型

图 3.2.13　SLM 成形铝合金卫星支架

二、SLM 使用材料基本要求

虽然理论上可将任何金属材料制成粉末然后通过 SLM 方式成形，但实际发现 SLM 成形对粉末材料的成分、形态、粒度等性能有要求严格。SLM 用金属粉末原材料主要可检测粉末粒度分布、形状或形态、比表面积、松装或表观密度、振实密度、流动性、氢氧氮碳和硫含量等，其中化学成分、粒度分布、松装密度、流动性、振实密度为 5 个关键指标。

（一）化学成分

研究发现合金材料比纯金属材料更容易 SLM 成形，主要是因为合金材料中的某些合金元素增加了熔池的润湿性或者抗氧化性，防止了零件在成形过程发生开裂等缺陷，需要对原材料的化学成分进行重新设计才能满足 SLM 成形需求，这是目前可用于 SLM 成形的材料种类较少的原因。另外，部分合金元素在 SLM 成形过程中会被烧损，导致成形前和成形后材料化学成分不同，为了得到满足最终零件的力学性能，SLM 用粉末需要重新检测化学成分。

（二）粒度分布

粒度分布是指 SLM 用粉末材料的单个粉末直径的总体分布情况，小粒径粉末材料在成形过程中容易发生飞溅，而粒径太大导致最终零件不致密，粒度分布一般通过标准筛分进行粒度分级。实验研究表明，SLM 用金属粉末材料的粒度为 15 ~ 53 μm 成形效果最佳。

（三）松装密度

松装密度是粉末在规定条件下自由充满标准容器后所测得的堆积密度，即粉末松散填装时单位体积的质量，是粉末的一种工艺性能。松装密度是粉末多种性能的综合体现，可以反映粉末的密度、颗粒形状、颗粒表面状态、颗粒的粒度及粒度分布等，对产品生产工艺的稳定性以及产品质量的控制都有重要的影响。通常情况下，粉末颗粒形状越规则、颗粒表面越光滑、颗粒越致密，粉末的松装密度会越大。较高的粉末松装密度有利于增材制造工艺的设置和优化，并确保增材制造最终产品致密度达到目标产品要求。

（四）流动性

流动性是指以一定量粉末流过规定孔径的标准漏斗所需要的时间来表示（霍尔流速计），通常采用的单位为 s/50 g，其数值越小说明该粉末的流动性越好，它是粉末的一种工艺性能。粉末流动性与很多因素有关，如粉末颗粒尺寸、形状和粗糙度、比表面等。通常球形颗粒的粉末流动性最好，而颗粒形状不规则、尺寸小、表面粗糙的粉末，其流动性差。另外，粉末流动性受颗粒间黏附作用的影响，颗粒表面水分、气体等的吸附会降低粉末的流动性。

（五）振实密度

振实密度是粉末在容器中经过机械振动达到较理想排列状态的粉末集体密度，其相对于松装密度主要是粉末多种物理性和工艺性能的综合体现，如粉末粒度分布、颗粒形状及其表面粗糙度、比表面积等的综合体现。一般来说，振实密度越大，粉末的流动性越好。

在购买和选用金属粉末前，需要和厂家沟通，得到购买粉末材料的基本参数，以判断是否得到零件设计要求，如图 3.2.14 所示为厂家提供的 18Ni300 模具钢粉末。要对购买的粉末材料的相关参数进行复验，而且反复使用的金属粉末也需定期检测，以确保粉末原材料符合SLM 成形要求。

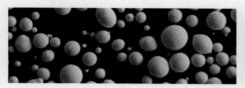

图 3.2.14　粉末性能

拓展

18Ni300 粉末介绍

产品各项性能优异，批次间性能稳定。粉末球形度好、氧含量低、粒度分布均匀，具有良好的流动性以及较高的松装密度。粉末适用于德国 EOS、Concept Laser、SLM、铂力特、易加三维、华曙高科、汉邦激光等。

18Ni300 模具钢粉末基本参数见表 3.2.1—表 3.2.3。

表 3.2.1　合金成分

元　素	Ni	Co	Mo	Ti	Al	Fe
上限 /%	19	9.5	5.2	0.8	0.15	Bal.
下限 /%	17	8.5	4.8	0.6	0.05	
杂质	C	P	S	O	N	保密元素
上限 /%	0.02	0.015	0.015	0.02	0.02	微量

表 3.2.2　粉末物理性能

霍尔流速 /s	球形度 /%	空心球 /%	松装密度 /(g·cm^{-3})
≤ 20	≥ 88	≤ 0.4	≥ 4.1

表 3.2.3 粉末粒度范围

	D（10）	D（50）	D（90）	D（99）
15 ~ 45	15 ~ 20	28 ~ 35	42 ~ 48	≤ 55
15 ~ 53	18 ~ 22	30 ~ 38	52 ~ 58	≤ 68
20 ~ 60	22 ~ 26	34 ~ 42	55 ~ 63	≤ 75

三、SLM 使用材料的特点

SLM 技术成为目前应用较为广泛的 3D 打印技术与其使用材料有很大关系。SLM 使用材料的特点主要包括：

①粉末材料易于运输和保存。

②粉末材料可为单一材料也可为多组元材料，原材料无须特别配制。

③粉末材料使用后通过筛粉去除杂质后可以反复使用，材料利用率高。

④打印后零件经过简单后处理就可使用，力学性能达到锻件水平。

⑤粉末材料流动性好，打印零件精度高。

拓展深化

采用 SLM 方法快速成形航空航天发动机小型薄壁复杂腔体零件是当前增材制造领域的热点，成都航空职业技术学院采用 SLM 方法对小型薄壁叶片进行了试制，为探索航空发动机零件 SLM 成形提供了技术依据。

试验用金属粉末为 316L 不锈钢，由中航迈特粉冶科技（北京）有限公司提供，制备方法为真空感应熔炼气雾方法，粒度为 15 ~ 53 μm，如图 3.2.15 所示，其化学成分见表 3.2.4。

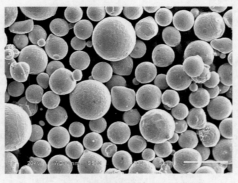

图 3.2.15 不锈钢粉末 SEM 形貌

表 3.2.4　316L 不锈钢粉末化学成分

A	Cr	Ni	Mo	Si	Mn	O	C	S	N	Fe
5.83	17.94	11.92	2.46	0.56	0.051	0.015	0.009 4	0.02	0.008 6	Bla

航空发动机叶片三维模型及试验件如图 3.2.16 所示。

航空发动机叶片
三维模型

（a）三维模型　　　　　　　（b）试验件

图 3.2.16　航空发动机叶片三维模型及试验件

　　如图 3.2.17（a）、（b）所示为抛光后样品表面形貌，可以看到样品表面有形状各异的空洞和微裂纹。如图 3.2.17（c）所示为样品低倍组织，垂直于扫描方向为细小的鱼鳞状组织，其为 316L 金属颗粒在激光作用下熔化形成的微熔池凝固重叠所致，平行于扫描方向为相互

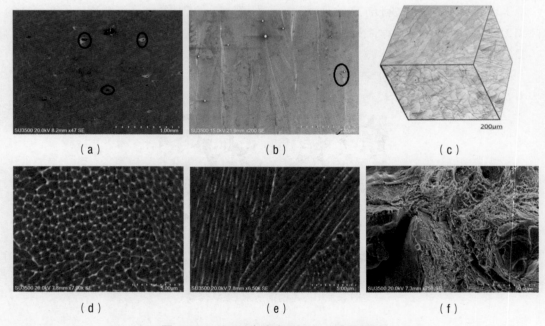

（a）　　　　　　　　　　（b）　　　　　　　　　　（c）

（d）　　　　　　　　　　（e）　　　　　　　　　　（f）

图 3.2.17　SLM 方法成形 316L 不锈钢组织

平行线条，其为激光熔道形貌，反映了颗粒粉末在激光作用下熔化凝固特征，由图可知，该扫描模式下试样表面较为均匀致密，有较少的空洞和疏松等缺陷。进一步观察可知，选区熔化过程中形成了大量胞状晶 [图 3.2.17（d）]，胞状晶呈现垂直于扫描方向的细小不规则柱状结构 [图 3.2.17（e）]，生长不受微熔池尺寸约束，其胞状晶结晶方式是以熔合区为基底的非均匀形核结晶生长，在微熔池内，熔池中的热量主要通过基底与已凝固的部分向基板扩散，在垂直于扫描方向有很大的过冷度，微区组织在形貌上有所差异。在微熔池之间，晶粒在多次激光重熔过程中发生再结晶并长大。

从 316L 不锈钢断口可以看出断口呈光滑孔洞 + 细小韧窝 [图 3.2.17（f）]，此断裂为典型的韧性断裂，孔洞数量较多、尺寸较大，孔洞外观呈金属液凝固状态，孔洞周围有细小的韧窝，其尺寸及形态差别较大，断口起伏程度随着韧窝深度增加而增大，韧窝周围有明显的撕裂棱。

分析与评价

项目学习任务评价表

班级 ＿＿＿＿＿＿＿＿＿　　　学生姓名 ＿＿＿＿＿＿＿＿　　　学号 ＿＿＿＿＿＿＿＿

项　目	自我评价			小组评价			教师评价		
	9～10	6～8	1～5	9～10	6～8	1～5	9～10	6～8	1～5
	占总评 10%			占总评 30%			占总评 60%		
学习活动 1									
学习活动 2									
学习活动 3									
表达能力									
协作精神									
纪律观念									
工作态度									
分析能力									
创新能力									
操作规范性									
小　计									
总　评									

任课教师：＿＿＿＿＿＿＿＿＿＿＿＿　　　　　　　　　　　　　　年　月　日

📖**课后练习题**

一、单选题

1. SLM 用球状粉末材料粒径一般为（　　）。

    A. 20 ～ 40 μm　　　　B. 10 ～ 100 μm　　　C. 10 ～ 53 μm　　　　D. 53 ～ 100 μm

2. 牙齿及医疗植入物一般用（　　）进行 SLM 打印。

    A. 铁基材料　　　　B. 钛基材料　　　　C. 镍基材料　　　　D. 铝基材料

3. SLM 用粉末材料的特点不包括（　　）。

    A. 清洁，无污染　　　　　　　　　　B. 粉末材料便于运输和储存

    C. 材料可以反复利用　　　　　　　　D. 颗粒小、成形精度高

二、多选题

1. 为实现零件的轻量化，在航空航天领域通常采用（　　）进行零件的打印。

    A. 铁基材料　　　　B. 钛基材料　　　　C. 镍基材料

    D. 铝基材料　　　　E. 铜基材料

2. 以下粉末材料指标对 SLM 生产最终零件质量影响较大的有（　　）。

    A. 含氧量　　　　B. 流动性　　　　C. 化学成分

    D. 粒度分布　　　　E. 球形度

三、判断题

1. 只要将金属制成粉末就可以使用 SLM 方法成形。　　　　　　　　　　　　（　　）

2. Al、Cu 等反射率高的材料对激光的吸收低，难以 SLM 成形。　　　　　　（　　）

3. SLM 方法目前多使用 200 W 和 500 W 激光器进行金属粉末的熔融。　　　（　　）

4. SLM 方法只能进行小型金属零件的制造。　　　　　　　　　　　　　　　（　　）

5. 金属零件 SLM 成形后可以直接从基板中取出。　　　　　　　　　　　　（　　）

6. 成形一般金属材料时 SLM 设备不需要抽真空及填充惰性气体。　　　　　（　　）

单元 3　典型零件 SLM 成形过程

单元结构

- 问题导入
- 认知学习
  - ➤ 前处理
  - ➤ 打印完成后的操作
- 拓展深化
- 分析与评价

单元目标

1. 了解 3D 打印的前世今生。

2. 了解 SLM 工艺成形原理。

3. 熟悉 SLM 设备工作原理及成形过程。

4. 理解 SLM 成形工艺参数。

5. 了解 SLM 成形工艺特点。

问题导入

使用桌面级的 FDM 设备人们可以在自己的办公室里快速得到一个塑料材质三维实体零件，有没有可能在未来的某一天，人们能在自己的办公室里轻松得到一个复杂的金属零件呢？

桌面级的金属零件增材制造设备还在研发阶段，目前人们还无法实现这个愿望，主要是因为金属材料的成形一般需要大功率激光器，为避免金属在高温环境下氧化还需要在密闭型腔中进行，在成形过程中还需要不断通入氮气、冷却水等，设备的体积比较大。另外，粉末材料容易悬浮在空气中，吸入人体会影响身体健康，还可能导致自燃、爆炸等生产事故。粉末材料打印过程中需要进行个人和环境的防护，对环境有较高的要求。

除了 SLM 方法，还可以使用什么增材制造工艺制造金属零件呢？如何制造一台桌面级的金属增材制造设备？如图 3.3.1 所示为 SLM 成形钛合金航空发动机尾喷，如图 3.3.2 所示为 SLM 成形铝合金支架尾喷。

图 3.3.1　SLM 成形钛合金航空发动机尾喷

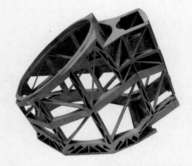

图 3.3.2　SLM 成形铝合金支架尾喷

认知学习

金属零件的 SLM 成形过程如图 3.3.3 所示，以一个小型喷嘴为例介绍整个 SLM 成形工艺过程，使用设备为 DMP Flex 350，使用粉末材料为 304L 不锈钢。

图 3.3.3　金属零件的 SLM 成形过程

原始喷嘴模型长 86.6 mm，宽 85.5 mm，高 162.6 mm（图 3.3.4），实际打印是将模型整体缩放 50%。该模型最小壁厚为 1 mm，成形最大难点内外为 $\phi 2$ mm/$\phi 3$ mm 双层薄壁复杂管道，该零件传统使用熔模铸造加上焊接进行生产，加工困难，加工工期长，生产效率缓慢。而采用 SLM 成形工艺可一次成形，减少了加工流程，提高了工作效率，缩短了加工工期。

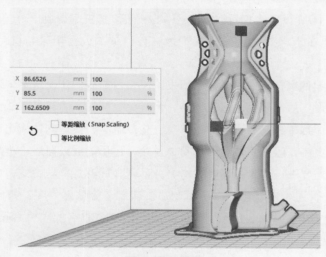

图 3.3.4　模型

一、前处理

1. 模型准备

将 3D 打印模型（penzui.stl）导入切片软件 3DXpert 中，依次摆放、支撑
添加、参数设置等功能，生成 penzui.LMG 文件，将该文件复制到 DMP Flex
350 打印机上即可实现零件的 SLM 成形。模型准备工作由 3DXpert 软件实现，该软件包括"导
入零件""定位零件""晶格填充""支撑设计""分配策略""排版布局""扫描路径""CNC
加工"等模块，正常情况下按顺序就可完成零件模型的前处理工作。

（1）模型导入

在桌面找到 3DXpert15.0 后单击鼠标右键，以管理员身份运行以打开 3DXpert 软件。打开
软件后会显示操作画面（图 3.3.5）。顺序点击"新建 3D 项目"编辑项目名称为"Penzui"，
"编辑打印机"选择 DMP Flex 350，设备进入如图 3.3.6 所示页面，图中棋盘状区域为打印机
基板尺寸。

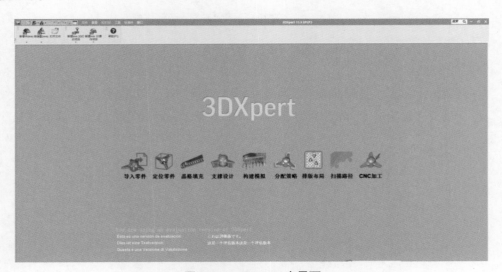

图 3.3.5　3DXpert 主界面

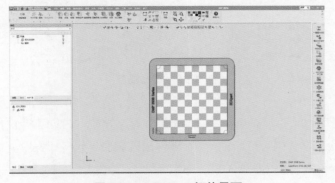

图 3.3.6　3DXpert 切片界面

（2）导入零件

完成上一步操作后找到"增加 3DP 组件"选项，在文件夹中点击已建模型 penzui.stl，将小型喷嘴导入 3DXpert 软件中，打印模型在基板上，如图 3.3.7 所示。

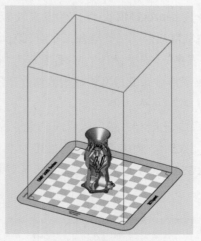

发动机燃油喷嘴
模型

图 3.3.7　导入零件

（3）调整模型

选中模型后点击"收缩率"，选择整体缩放比例"1 : 0.5"；点击"物体位置按钮"，将模型沿 Z 轴抬升 5 mm，使得零件与基板分离，为后续底部添加支撑作准备（图 3.3.8）。

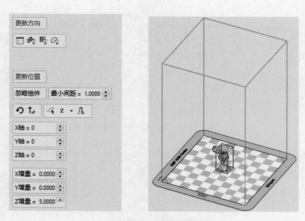

图 3.3.8　调整模型

（4）模型检查修复

点击"3D 打印分析工具"，点击"打印前准备"会出现"打印可行性检查"画面。最后点击"检查"可检查零件的可打印性，防止零件出现破面导致打印失败。如有模型问题，可以使用"fix"指令修复模型（图 3.3.9），没有问题就可以退出了。

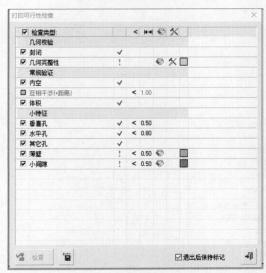
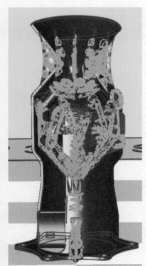

图 3.3.9 模型检查修复

2. 支撑创建

点击"支撑管理器"出现"创建区域"命令栏（图 3.3.10）和"支撑管理"命令栏，"创建区域"可以调整悬垂和从垂直面偏移，"支撑管理"可以创建支撑。

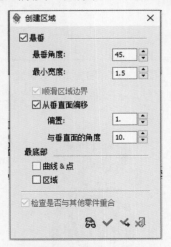

图 3.3.10 创建区域

根据实际零件情况确定哪些部位需要添加零件，将不添加支撑的区域进行框选删除，保留添加支撑区域（图 3.3.11）。

名称 ▽	零件名	区域类型	C	S	支撑类型	支撑模版	颜色	分析角度	最小高度	2D面积
区域 21	发动机加…	封闭	💡					45.0	5.00	540.57

图 3.3.11 需要添加支撑区域

3. 墙支撑命令

墙支撑参数一般更改内外支撑图案，加强外支撑厚度，以防止在打印过程中的变形以及产生的应力，如图 3.3.12 所示。

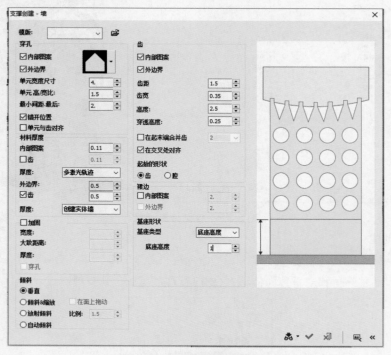

图 3.3.12　墙支撑参数设置

经过相应参数的修改，外支撑壁厚、支撑图案已经产生了明显的变化，最后完成模型如图 3.3.13 所示。

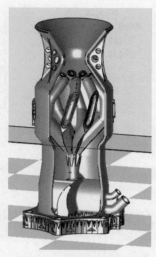

图 3.3.13　最终打印模型

4. 打印参数

选中需要打印的零件，在打印件的左上角界面选择"Part LT30"，它对应的是成形零件模型的切片参数，零件成形参数如下：激光功率 220 W，激光扫描速度 1 100 mm/s，单层成形厚度 0.03 mm，扫描间距 0.01 mm。支撑则是在添加支撑时会自动生产默认支撑"Wall Support"以及"Solid wall Support"。

如需更改打印速度和打印功率，可将切片对象中的设置点开，找到激光参数，即可更改。打印设置起始角度、增量角度、激光参数等修改如图 3.3.14 所示。

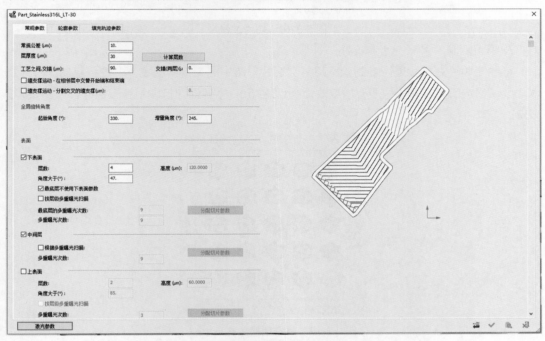

图 3.3.14　激光参数

5. 计算扫描路径

打印参数设置完成后，保存后退出，点击"确定"，开始计算扫描路径，如图 3.3.15 所示。

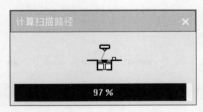

图 3.3.15　计算扫描路径

6. 切片查看器

打开"切片查看器"，检查零件切片有无问题，查看总层数，并且在计算机上可查看打印过程，如图 3.3.16 所示。

切片 0%　　　　　　切片 10%　　　　　　切片 30%　　　　　　切片 80%

图 3.3.16　切片过程

7. 模型复制

将零件切片完成后进行复制就不用再次切片，选中需要复制的零件，进行复制。打开物体位置，框选所有零件，把所有增量改为 0（Z轴 5），零件即在打印平台正中心，如图 3.3.17 所示。

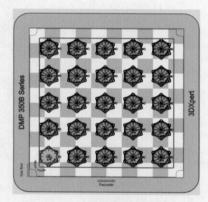

图 3.3.17　将模型摆放在正中心

8. 打印估价

软件可以对打印时间、打印所需耗材等进行计算，从而对打印成本进行预测和评估。25 个小型喷嘴打印时间预估为 44 个小时 28 分钟 45 秒，如图 3.3.18 所示，该时间不包括前后处理时间。

打印评估报告			✕

○ 基于体积计算
◉ 基于扫描路径计算

	材料(cm³)	时间 (hh:mm:ss)	成本 (CNY)
零件	212.22	44:28:45	1,061.10
支撑	23.30	01:29:16	116.50
晶格	0.00		
层间		08:24:36	
加工时间			127.79
总计	235.53	54:22:37	1,305.39
粉体积	5,913.34		

📋 创建报告　↩

图 3.3.18　打印估价

9. 输出零件

确认无误后可输出切片数据，输出的切片数据后缀名必须是 LMG 格式，该格式是 3D 激光打印机 DMP Flex 350 的专属格式，如图 3.3.19 所示。

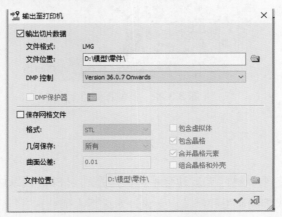

图 3.3.19　输出切片数据

二、打印完成后的操作

零件经过 48 h 打印，完成后将基板从设备里取出（图 3.3.20），清理干净粉末，即可送往线切割机床进行零件与基板分离，最后将单个零件放入喷砂机进行表面喷砂（图 3.3.21、图 3.3.22），完成零件并保存。

图 3.3.20　打印完成

图 3.3.21　模型内侧照

一种新型 3D 打印麦克纳姆轮

图 3.3.22　模型正面照

🔖 **拓展深化**

　　北京第二十四届冬季奥林匹克运动会手持火炬是利用 SLM 技术成形的，它有效助力了北京冬奥会零碳排放火炬的研发和制造。该设计对火炬内部结构进行了成形工艺优化，对燃烧器 3D 打印工艺进行了系统验证和改进，最后成功制备出完全满足要求的氢火炬及其燃烧系统，保障了冬奥会主火炬燃烧的可靠性，如图 3.3.23—图 3.3.25 所示。

图 3.3.23　北京冬奥会"飞扬"火炬

图 3.3.24　3D 打印火炬内飘带

图 3.3.25　带支撑结构的火炬内飘带

分析与评价

项目学习任务评价表

班级 _____ 学生姓名 _____ 学号 _____

项　目	自我评价			小组评价			教师评价		
	9～10	6～8	1～5	9～10	6～8	1～5	9～10	6～8	1～5
	占总评 10%			占总评 30%			占总评 60%		
学习活动 1									
学习活动 2									
学习活动 3									
表达能力									
协作精神									
纪律观念									
工作态度									
分析能力									
创新能力									
操作规范性									
小　计									
总　评									

任课教师：_____ 年　月　日

课后练习题

一、单选题

1. SLM 方法成形零件表面质量最差的面是（　　）。

　　A. 上表面　　　　　　B. 侧面　　　　　　C. 悬垂面　　　　　　D. 内表面

2. SLM 过程中主要控制参数不包括（　　）。

　　A. 激光功率　　　　　B. 含氧量　　　　　C. 扫描速度　　　　　D. 铺粉厚度

3. SLM 成形前处理过程不包括（　　）。

　　A. 零件导入　　　　　B. 模型修复　　　　　C. 支持添加　　　　　D. 填充氩气

二、多选题

SLM 成形方法中对粉末材料进行以下哪些处理？（　　）

    A. 使用后粉末进行筛粉处理

    B. 打印前对粉末进行真空烘干

    C. 打印后清除成形缸中粉末

    D. 打印前对粉末进行热处理

    E. 暂时不使用的粉末进行密封保存

三、判断题

1. SLM 方法每次只能打印一个零件。 （　　）

2. 为节约时间，打印零件可以不添加支撑。 （　　）

3. SLM 成形过程中，零件高度越高，所需粉末材料越多，所需时间越长。 （　　）

4. SLM 方法使用粉末材料可以无须处理反复使用。 （　　）

5. 金属零件 SLM 成形后需要带基板进行退火热处理以减小零件变形。 （　　）

6. SLM 成形在密闭空间内进行，现场操作人员不需要进行防护。 （　　）

7. 粉末材料发生火灾可以使用普通灭火器扑灭。 （　　）

8. SLM 设备必须配备专用的防爆吸尘器。 （　　）

模块四 聚合体材料喷射技术（Polyjet）

本模块主要围绕 Polyjet 成形工艺展开学习，包含成形工艺原理及设备、成形材料，典型 Polyjet 零件成形全流程 3 个维度来学习 Polyjet 成形工艺的应用，让同学们对多彩打印零件的工业化增材制造过程有所了解。

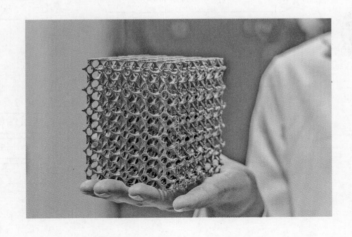

模块目标

1. 了解 Polyjet 基本原理。

2. 掌握 Polyjet 成形工艺对应的模型前处理和后处理的操作方法。

3. 能够运用 Polyjet 成形技术打印简单零件（包括设计、前处理、打印、后处理）。

学习地图

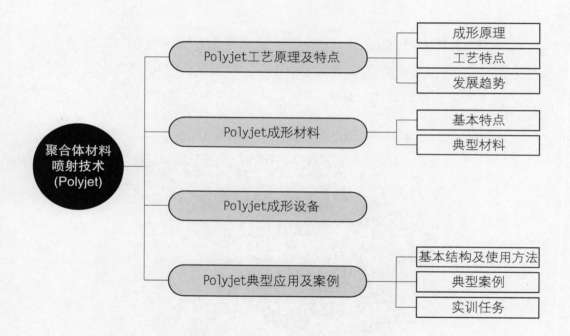

建议学时

10 学时。

单元 1　Polyjet 工艺原理及特点

单元结构

- 问题导入
- 认知学习
  - ➤ Polyjet 的概念
  - ➤ Polyjet 设备工作原理及工作过程
  - ➤ Polyjet 3D 打印流程
- 拓展深化
- 分析与评价

单元目标

1. 了解 Polyjet 打印的前世今生。
2. 熟悉 Polyjet 设备工作原理及成形过程。
3. 熟悉 Polyjet 技术材料特性。
4. 了解 Polyjet 3D 打印机使用范围。

问题导入

在实际生活中，有很多产品是由不同材料构成的，3D 打印有没有办法在同一个打印对象中使用不同材料，使成品具有丰富多彩的颜色和不同的机械性能呢？

认知学习

一、Polyjet 的概念

Polyjet 聚合物喷射技术是以色列 Objet 公司于 2000 年初推出的专利技术，Polyjet 技术是当前最为先进的 3D 打印技术之一。2012 年 Stratasys 和 Objet 宣布合并，交易额为 14 亿美元，合并后的公司名仍为 Stratasys。此次合并将 Polyjet 技术推向了更高更广的 3D 打印市场，令 3D 打印热进一步升温，且加快了数字制造商用化的进程。

Polyjet 3D 打印机将光敏树脂材料一层一层地喷射到打印托盘上，直至部件制作完成。每一层材料在被喷射的同时用紫外线光进行固化，可以立即进行取出与使用，而无须二次固化。此外，可以用手剥离或者通过水枪很容易地清除为支持复杂几何形状而特别设计的支撑材料。

Polyjet 打印速度快、表面光滑、兼具彩色和软硬度。如图 4.1.1 所示为 Polyjet 打印的耳机盒与耳机模型，如图 4.1.2 所示为 Polyjet 打印的白色几何球体模型。

图 4.1.1　Polyjet 打印的耳机盒与耳机模型　　　图 4.1.2　Polyjet 打印的白色几何球体模型

二、Polyjet 设备工作原理及工作过程

（一）Polyjet 设备成形原理

Polyjet 的喷射打印头沿 *X* 轴方向来回运动，工作原理与喷墨打印机类似，不同的是喷头喷射的不是墨水而是光敏聚合物。当光敏聚合材料被喷射到工作台上后，UV 紫外光灯将沿着喷头工作的方向发射出 UV 紫外光对光敏聚合材料进行固化。完成一层的喷射打印和固化后，设备内置的工作台会极其精准地下降一个成形层厚，喷头继续喷射光敏聚合材料进行

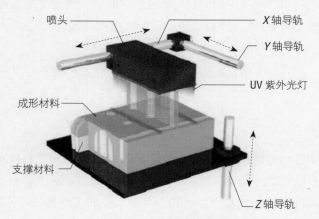

图 4.1.3　成形原理

下一层的打印和固化。就这样一层接一层，直到整个工件打印制作完成。如图 4.1.3 所示为 Polyjet 设备成形原理，如图 4.1.4 所示为 Polyjet 3D 打印机实物。

图 4.1.4　Polyjet 3D 打印机实物

（二）Polyjet 设备主要部件

Polyjet 3D 打印机由打印模块、UV 紫外光灯和模型托盘组成（图 4.1.5）。其中打印模块由 2 ~ 8 个打印喷头构成喷头组。

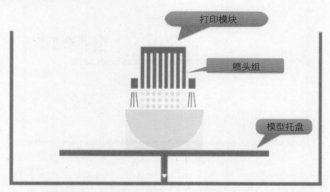

图 4.1.5　主要部件

（三）Polyjet 设备工作过程

1. 打印模块运动

Polyjet 的打印模块在 X 和 Y 轴上运动，向模型托盘逐层喷射支撑和模型材料，如图 4.1.6 所示。

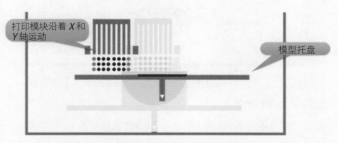

图 4.1.6　打印模块运动

2. 材料的喷射和固化

喷头组把液体形态的光固化聚合物材料逐层喷射到模型托盘上，并通过 UV 紫外光灯的照射将光固化聚合物凝固在指定位置，如图 4.1.7 所示。

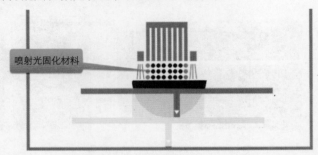

Polyjet 3D 打印的通用流程

图 4.1.7　材料的喷射和固化

3. 平整

打印模块上的滚轮将已固化的材料压平，以确保打印对象边界清晰，表面平整，如图 4.1.8 所示。

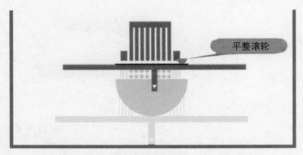

图 4.1.8　平整

4. 模型下移

完成一层的打印后，模型托盘沿着 Z 轴向下移动，为下一层打印留出空间，层厚可精确到 14 μm，如图 4.1.9 所示。

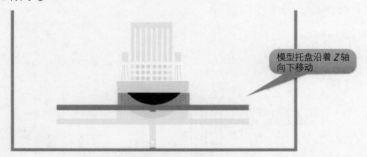

图 4.1.9　模型下移

5. 根据打印模型形状添加支撑

在需要支撑的悬垂物或复杂形状的部位，Polyjet 3D 打印机可以喷射两种支撑材料：一种是可以通过用水冲洗移除的凝胶状支撑材料；另一种是可溶解的支撑材料。模型和支撑材料同时从打印头喷射出来。根据打印模型形态喷射模型材料，根据需要喷射支撑材料，如图 4.1.10 所示。

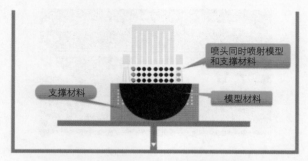

图 4.1.10　根据打印模型形状添加支撑

6. 打印完成

模型打印完毕，从模型托盘上取下，进行去除支撑材料的后处理，如图 4.1.11 所示。

图 4.1.11　打印完成

三、Polyjet 3D 打印流程

Polyjet 3D 打印过程从数字文件到实体产品，由预处理、打印和后处理 3 个步骤组成。

在预处理步骤中，软件从数字模型文件中自动计算模型和支撑材料的位置，如图 4.1.12 所示。

在打印阶段，3D 打印机喷射出微小的液体光聚合物液滴并立即进行紫外线固化，如图 4.1.13 所示。

图 4.1.12　预处理

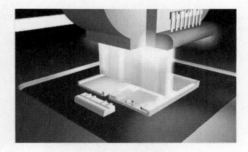
图 4.1.13　打印

模型材料精细地层积在模型托盘上，以创建一个精确的 3D 实体模型。在悬垂或复杂形状需要支撑的地方，喷头通过喷射支撑材料进行填充。

在后处理步骤中，用户可以用手剥离或者用水冲洗的方式去除模型上的支撑材料，部分支撑材料也可以通过化学浸泡的方式溶解，如图 4.1.14 所示。

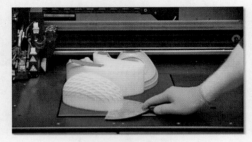

图 4.1.14　后处理

去除支撑的模型不需要进行其他加工操作便可直接使用。

以 Stratasys 公司生产的 Polyjet 3D 打印机为例，展示 Polyjet 3D 打印的通用流程。

（一）预处理过程

1. 导入数字模型

将数字模型文件导入预处理软件，如 Objet Studio 或 GrabCAD，如图 4.1.15 所示。

2. 切片分层

通过预处理软件将模型文件切片分层，软件根据分层结果自动计算每一层的模型材料位置，如图 4.1.16 所示。

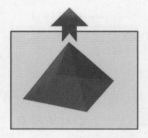

图 4.1.15　导入数字模型

图 4.1.16　切片分层

3. 填充支撑

预处理软件根据模型的形状，自动填充支撑材料，如图 4.1.17 所示。

4. 细节设置

用户可以通过预处理软件，对 3D 打印的成品进行更多的设置，如表面哑光或光面、尺寸的大小、模型在托盘上的位置等，如图 4.1.18 所示。

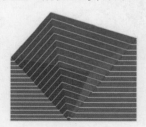

图 4.1.17　填充支撑

图 4.1.18　细节设置

（二）打印

在打印过程中，Polyjet 3D 打印机同时将支撑材料和模型材料喷射到模型托盘上，完成实体模型的构造。具体过程可以参考 Polyjet 设备工作过程。

（三）后处理

1. 去除支撑

支撑材料分为清洗式去除和可溶性去除两种。清洗式去除的支撑材料能被手或使用水枪轻易去除，如图 4.1.19 所示。

可溶性去除的支撑材料需要将打印模型放入盛满溶剂的容器中，等待支撑材料被充分溶解，再取出模型部分用水冲洗，如图 4.1.20 所示。

图 4.1.19　清洗式去除　　　　　图 4.1.20　可溶性去除

2. 视觉效果加工

Polyjet 技术打印的模型具有光滑表面和精确细节，并能够直接使用或展示，但是通过更深层次的加工，可以使模型的视觉效果得到进一步的提升。几种常见的视觉效果加工方式如下所述。

（1）彩绘

通过丙烯或者其他绘画颜料，在模型上进行绘制，可以得到色彩斑斓的模型作品，如图 4.1.21 所示。

（2）抛光

虽然 Polyjet 设备在打印过程中可以选择光滑表面或哑光表面，但是精细化抛光可以得到近似镜面的效果。对于透明材料来说，精细化抛光甚至能得到全透玻璃产品的感官，如图 4.1.22 所示。

图 4.1.21　彩绘　　　　　图 4.1.22　抛光

（3）黏接

可以将大型模型拆分为多个组件，分别将各个组件打印完成后进行后期黏接，得到一个完整的作品，如图 4.1.23 所示。

（4）电镀

模型通过电镀可以进一步提升其感官，如图 4.1.24 所示。

图 4.1.23　黏接

图 4.1.24　电镀

拓展深化

Polyjet 的打印过程和其他类型的 3D 打印相比，有哪些相同的步骤？哪些流程是 Polyjet 3D 打印独有的？

分析与评价

_____ 项目学习任务评价表

班级 _____　　　　学生姓名 _____　　　　学号 _____

项　目	自我评价			小组评价			教师评价		
	9 ~ 10	6 ~ 8	1 ~ 5	9 ~ 10	6 ~ 8	1 ~ 5	9 ~ 10	6 ~ 8	1 ~ 5
	占总评 10%			占总评 30%			占总评 60%		
学习活动 1									
学习活动 2									
学习活动 3									
表达能力									
协作精神									
纪律观念									
工作态度									

续表

项　　目	自我评价			小组评价			教师评价		
	9 ~ 10	6 ~ 8	1 ~ 5	9 ~ 10	6 ~ 8	1 ~ 5	9 ~ 10	6 ~ 8	1 ~ 5
	占总评10%			占总评30%			占总评60%		
分析能力									
创新能力									
操作规范性									
小　计									
总　评									

任课教师：_____　　　　　　　　　　年　月　日

课后练习题

一、单选题

1. 不属于 Polyjet 3D 打印流程的是（　　）。

    A. 预处理中对模型进行分层切片　　　　　B. 加热打印材料直至其熔化

    C. 通过 UV 紫外光灯进行固化　　　　　　D. 去除支撑材料

2. 现阶段 Polyjet 3D 打印能够完成制作的是（　　）。

    A. 占地面积 300 m^2，高度 40 m 的建筑　　B. 坚硬的金属零件

    C. 五颜六色的玩偶模型　　　　　　　　　D. 活体动物器官

二、判断题

1. 为了提升打印成品的视觉效果，Polyjet 3D 打印的模型可以在后处理中使用彩绘、抛光、黏接、电镀等方法进行处理。　　　　　　　　　　　　　　　　　　（　　）

2. 只要是 Polyjet 方式进行的 3D 打印，去除支撑都不能用手。　　　　　　（　　）

3. UV 紫外光灯不是 Polyjet 3D 打印机的必备部件。　　　　　　　　　　（　　）

单元2 Polyjet 成形材料

单元结构

● 问题导入
● 认知学习
  ➤ 单材料打印机
  ➤ 多材料打印机
● 拓展深化
● 分析与评价

单元目标

1. 熟悉 Polyjet 技术材料特性。
2. 了解多彩打印流程。

问题导入

Polyjet 技术支持不同的材料进行 3D 打印，也能够在同一个 3D 打印过程中使用多种材料。那么 Polyjet 技术支持哪些材料呢？

认知学习

Polyjet 技术的强大优势在于能够使可固化的液态光敏聚合物生成非常精细的层，从而获得光滑的表面、复杂的细节和鲜艳的色彩。

Polyjet 技术有助于以几乎任何色彩和透明度、不透明度、刚性与弹性的任意组合来呈现创意，模拟各种需要的材料和表面处理效果。

Polyjet 技术的多功能性源于广泛可用的材料属性和一系列 3D 打印机，可适应不同的预算和应用场景。无论是什么行业，Polyjet 技术都能提供快速、准确磨炼想法的强大能力。

一、单材料打印机

单材料打印机为经济实惠的台式型号，具有 Polyjet 技术的精细分辨率和高表面光洁度。

根据具体型号，这些打印机可采用一种或多种基本材料，支持用户选择刚性或柔性特性，如图 4.2.1 所示。

图 4.2.1　Vivid 蓝色灯

二、多材料打印机

多材料打印机利用多喷射技术的优势，提供 Polyjet 的多功能性、高性能和高生产效率。多材料打印机支持混合式零件，可在同一零件中组合使用多种基本材料和数字材料，能够通过混合各种单独的基本材料来创造出具有不同特性的新材料。同时，还支持混合托盘，这意味着一个成品托盘可容纳由不同材料制成的多个零件，从而提高生产效率。多材料打印机使用户能够制作多种多样的产品，从具有惊人视觉效果的高度逼真原型，到具有软触感零件的模具，再到具有完美视觉和逼真度的医疗模型，应有尽有，如图 4.2.2—图 4.2.8 所示。

图 4.2.2　潘通色块

图 4.2.3　Vivid 尾灯

图 4.2.4　眼镜框

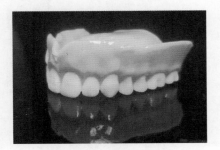

图 4.2.5　彩色牙科模型

图 4.2.6　Agilus 中控

图 4.2.7　色彩鲜艳的汽车中控

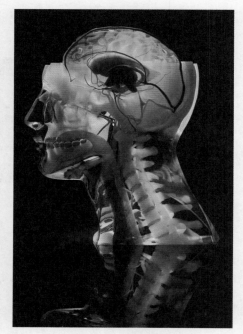

图 4.2.8　解剖模型

1. 多材料打印步骤

步骤一：导入 STL/VRML 文件。

如果将 CAD 模型创建为单个主体，则可以使用 STML 操作软件（如 Materialise® Magics）分离为 GrabCAD 分配材料所需的壳。

导入 STL 文件，如图 4.2.9 所示。

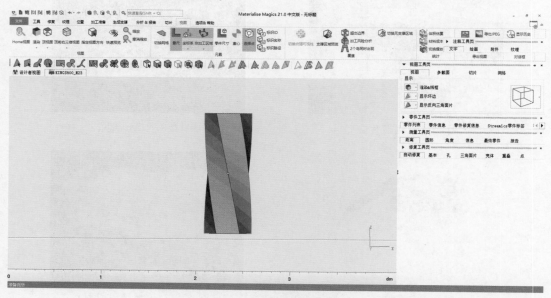

图 4.2.9　导入 STL 文件

步骤二：创建壳，如图 4.2.10 所示。

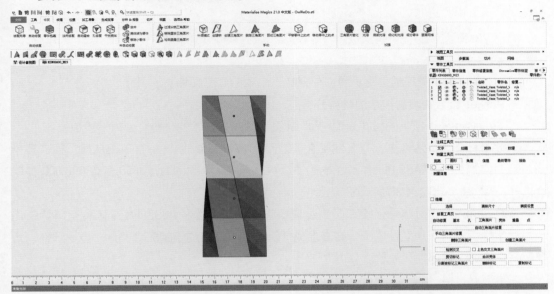

图 4.2.10　创建壳

使用 VRML 文件打印时，请验证模型是否已完全固定。

使用 STL 文件时，选择每个材料区域并将其从 STL 的主体中拆分出来。

对所有区域重复此操作，直到创建所有壳。

请注意，此操作将生成一个必须使用软件的修复功能关闭的已打开壳。

修复每个区域，使其成为水密 STL。

步骤三：导出为 STL 或 VRML 文件，如图 4.2.11 所示。

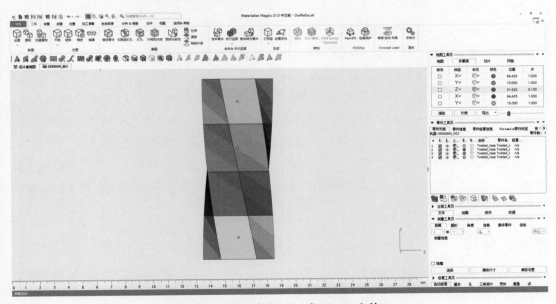

图 4.2.11　导出为 STL 或 VRML 文件

建模完成后，将 CAD 模型导出为多个 STL 文件，将装配件的每个组件另存为单独的 STL 文件。

导出 VRML 文件时，所有颜色属性、阴影和渐变都嵌入在文件中，无法在 GrabCAD 打印中进行操作。

STL 文件修复所有区域之后，将它们保存为单独的 STL 文件。

2. Polyjet 聚合物喷射技术的材料分类

以 Stratasys 公司提供的材料为例，Polyjet 聚合物喷射技术的材料可分为下述种类。

①数字材料：灵活性高，肖氏硬度 A 值范围为 27 ~ 95；刚性材料范围从模拟标准塑料到硬且耐高温的数字 ABS Plus；刚性或柔性材料鲜艳多彩，Stratasys J850 多达 500 000 种颜色选择；Polyjet 多重喷射 3D 打印机可用。

②数字 ABS：通过结合强度和耐高温模拟 ABS 塑料；数字 ABS2Plus 带来薄壁部件强化尺寸稳定性；适用于功能性原型、在高温或低温条件下使用的卡扣配合部件、电子部件、铸模、手机壳和工程部件和外罩。

③耐高温材料：非一般的尺寸稳定性，适用于热功能测试；结合 Polyjet 类橡胶材料制作不同肖氏硬度 A 值、灰度和耐高温的包覆成形部件；适合用于形状、外观和热功能测试、需要表面质量优异的高清模型、可耐受强光的展览模型、水龙头、管道和家具电器、热气和热水测试。

④透明材料：使用 VeroClear 和 RGD720 打印彩色透明部件和原型；结合多彩材料实现非凡的透明度；适合用于透明部件的形状和外观测试，如玻璃、消费品、护目镜、灯罩和灯箱、液体流动情况可视化、医疗应用、艺术和展览建模。

⑤刚性不透明材料：绚丽色彩选择带来前所未有的设计自由；结合类橡胶材料，用于包覆成形、质感柔软的手柄等；适合用于形状和外观测试、移动部件和组装件、销售、营销和展览模型、电子部件组装和硅胶成形。

⑥类聚丙烯材料：模拟聚丙烯外观和功能；适合用于容器和包装、灵活的卡扣配合应用和活动铰链、玩具、电池盒、实验室设备、扬声器和汽车零部件原型制作。

⑦类橡胶材料：可提供不同程度的弹性体特征；结合刚性材料来模拟多种肖氏硬度 A 值，范围为肖氏硬度 A27 ~ A95；适合用于橡胶挡板、包覆成形、触感柔软的镀膜与防滑表层、按钮、握柄、拉手、把手、垫圈、密封件、软管、鞋类以及展览和通信模型。

⑧生物相容性材料：尺寸稳定性高、无色透明；拥有 5 项医疗审批，包括细胞毒性、基因毒性、迟发型超敏反应、刺激性和 USP Ⅵ 级塑料；适合用于皮肤接触超过 30 d 以及短期黏膜接触达到 24 h 的应用。

拓展深化

在学习 SLA 和 Polyjet 两种 3D 打印成形材料时，都提到了光敏树脂。那么这两种不同成形方式所对应的光敏树脂有没有区别呢？

分析与评价

_____ 项目学习任务评价表

班级 _____　　　学生姓名 _____　　　学号 _____

项　　目	自我评价			小组评价			教师评价		
	9 ~ 10	6 ~ 8	1 ~ 5	9 ~ 10	6 ~ 8	1 ~ 5	9 ~ 10	6 ~ 8	1 ~ 5
	占总评 10%			占总评 30%			占总评 60%		
学习活动 1									
学习活动 2									
学习活动 3									
表达能力									
协作精神									
纪律观念									
工作态度									
分析能力									
创新能力									
操作规范性									
小　　计									
总　　评									

任课教师：_____　　　　　　　　　　年　月　日

课后练习题

一、选择题

不属于 Polyjet 3D 打印的成形材料的是（　　）。

    A. 数字 ABS　　　　　B. 类聚丙烯材料　　　C. 类橡胶材料　　　　　D. 活体生物细胞

二、判断题

1. Polyjet 3D 打印机能打印各种颜色，高端的 Polyjet 3D 打印机能比较完美地打印潘通色块。　　　　　　　　　　　　　　　　　　　　　　　　　　　　　　　　　　　　（　　）

2. 使用同一台 Polyjet 3D 打印机打印 5 个同样外形尺寸不同颜色的模型，必须在过程中停机更换不同颜色的材料。   （ ）

3. 任何 Polyjet 3D 打印机打印的模型都具有一定的毒性，不可长期直接接触人体。 （ ）

4. 目前 Polyjet 3D 打印不支持金属材料。   （ ）

单元 3　Polyjet 成形设备

单元结构

- 问题导入
- 认知学习
  - ➢ 工业级设备
  - ➢ 桌面级设备
  - ➢ Polyjet 设备的优缺点
- 拓展深化
- 分析与评价

单元目标

1. 了解多彩打印设备分类及特点。
2. 熟悉 Polyjet 工业级多彩设备打印特点。

问题导入

在了解了 Polyjet 3D 打印的相关知识后，同学们是不是对 Polyjet 的设备相当好奇了呢？接下来展示几款典型的 Polyjet 3D 打印设备。

认知学习

目前全球 Polyjet 领先的企业为 Stratasys 公司，其制造的 Polyjet 3D 打印机是最先进的。

一、工业级设备

Stratasys J850 3D 打印机是一款工业级 3D 打印机。Stratasys J850 3D 打印机服务的主要目标人群为设计师，设计师可以通过 Stratasys J850 3D 打印机进行原型件的制作，Stratasys J850 3D 打印机的技术参数见表 4.3.1。

表 4.3.1　Stratasys J850 3D 打印机的技术参数

模型材料	· Vero™ 系列不透明材料，包括中性色调和充满活力的 VeroVivid™ 色调 · Agilus 30™ 柔性材料系列 · VeroClear™ 和 VeroUltraClear™ 透明材料

续表

数字模型材料	无限数量的复合材料包括： · 超过 50 万种色彩 · 象牙色和绿色的 Digital ABS Plus™ 和 Digital ABS2 Plus™ · 具有各种肖氏 A 硬度值的类橡胶材料 · 半透明色彩
支撑材料	SUP705™（可用水枪流去除） SUP706B™（可溶）
构建尺寸	490 mm×390 mm×200 mm（19.3 in×15.35 in×7.9 in）
分层厚度	水平构建层薄至 14 μm（0.000 55 in） 超高速模式下 55 μm（0.002 in）
工作站兼容	Windows 10
网络连接	LAN–TCP/IP
系统尺寸和质量	1 400 mm×1 260 mm×1 100 mm（55.1 in×49.6 in×43.4 in）；430 kg（948 磅）
操作条件	温度 18 ~ 25 ℃（64 ~ 77 ℉）；相对湿度 30% ~ 70%（非冷凝）
电源要求	100 ~ 120 V 交流电、50 ~ 60 Hz、13.5 A、单相 220 ~ 240 V 交流电、50 ~ 60 Hz、7 A、单相
合规性	CE、FCC、EAC
软　件	GrabCAD Print
打印模式	高质量：多达 7 种基础树脂，14 μm（0.000 55 in）分辨率 多混合：多达 7 种基础树脂，27 μm（0.001 in）分辨率 速度快：多达 3 种基础树脂，27 μm（0.001 in）分辨率 超高速：1 种基础树脂，55 μm（0.002 in）分辨率
精　度	STL 尺寸的典型偏差，对使用刚性材料打印的型号，基于尺寸：小于 100 mm ~ ±100 μm；大于 100 mm ~ ±200 μm 或零件长度的 ±0.06%，以较大者为准

Stratasys J850 3D 打印机具有以下优势：

1. 更快的设计决策

过去，设计师都是通过设计图纸或效果图与客户沟通，没有直观的模型往往无法向客户准确地传达设计理念及效果，双方容易出现评估误差，从而造成设计师反复修改图纸，甚至日后返工费时、费工、费料。即使后来出现一些建模服务机构，但在时间以及成本上仍然存在很大的问题。

Stratasys J850 3D 打印机很好地解决了这一系列问题，短短几个小时，设计师就可以生产出具有精致细节的精美模型，轻松地传达设计意图以帮助推销创意，重要的是可以在过程的早期阶段作出更好的设计决策。对比传统设计过程，Stratasys J850 可将设计师建模时间缩短 50%，如图 4.3.1 所示。

图 4.3.1　使用 Stratasys J850 进行耳机盒设计，可以极大地提高设计效率

2. 更优的设计装备

相对于以往的 3D 打印机，Stratasys J850 有以下提升空间：

①利用颜色提升设计水准。利用 PANTONE 颜色、固体涂层和 SkinTones，并通过 3D 打印提高原型的颜色保真度。

②打印更逼真的零件。利用多材料打印功能，在单次打印中实现全彩、透明和类橡胶柔性的完美组合。

③加快工作流程。利用超高速模式可将设计迭代速度增加 5 倍，并将打印概念模型速度提高两倍。

④提高材料效率。重新设计的材料盒可减少打印缺陷并将树脂浪费减少一半，从而提高打印效率。

⑤减少停机时间。增大的材料容量和附加材料通道可减少停机时间，并提供与 J750 相同的可靠性和可重复性。

3. 更多的设计可能

在设计方面，Stratasys J850 3D 打印机没有设计限制，可使用全新的玻璃状材料（VeroUltraClear）尝试各种设计，还能自由地设计全彩 3D 形状的内饰、非常薄的零件（0.2 mm）、文本和纹理、潘通颜色等。如图 4.3.2 所示的香水瓶模型采用了逼真的透明概念，如图 4.3.3 所示的汽车钥匙模型为具有精致细节的复杂模型。

此外，使用 Stratasys J850 的高级功能还可将概念变为现实，如使用 VeroUltraClear 材料、出色的图像和颜色质量、清晰的文本和超精致的细节进行屏幕建模。

与传统产品制造工艺技术相比，Stratasys J850 3D 打印机提高了设计作品的精准度，同时缩短了周期，降低了成本。由此可知，3D 打印机能够完美呈现设计师天马行空的想象力，未来随着 3D 打印技术的不断发展，将为设计师的设计之路注入始料未及的活力。

图 4.3.2　香水瓶模型　　　　　　**图 4.3.3　汽车钥匙模型**

二、桌面级设备

Stratasys J55 3D 打印机是一款小型的轻量级 3D 打印机。Stratasys J55 3D 打印机定位为办公室友好型、经济又高效的低成本商用 3D 打印解决方案和教育教学用机。这款打印机可以同时打印 7 种材料，可以将常用的树脂材料同时载入打印机中，避免因更换材料而浪费时间。Stratasys J55 3D 打印机可以使用超高速初稿模式快速准确地打印出每个设计方案，从而加快设计初期进展，并为接下来的设计细化过程留出更多时间。这种快捷的工作流程能为医疗和教育领域提供便利。在开发医疗产品的过程中，制造商可以通过这项技术加快设计过程，从而缩短产品进入临床试验所需时间。而在世界各地的教室和大学里，学生们利用这项技术，仅需几天时间，而不是几周，就可以完成相关产品的测试、设计和发现问题。Stratasys J55 3D 打印机的技术参数见表 4.3.2。

表 4.3.2　Stratasys J55 3D 打印机的技术参数

模型材料	■ VeroCyanV™ ■ VeroMagentaV™ ■ VeroYellowV™ □ VeroPureWhite™ ■ VeroBlackPlus™ □ VeroClear™ ■ DraftGrey™
支撑材料	SUP710™
构建尺寸 / 打印面积	最大 1.174 cm²
层厚度	横向打印层最薄为 18 μm（0.000 7 in）
网络连接	LAN-TCP/IP
系统尺寸和质量	651 mm×661 mm×1 551 mm（25.63 in×26.02 in×61.06 in）；228 kg（503 磅）
操作条件	温度 18 ~ 25 ℃（64 ~ 77 ℉）；相对湿度 30% ~ 70%（非冷凝）
电源要求	100 ~ 120 VAC、50 ~ 60 Hz、6 A、单相 220 ~ 240 VAC、50 ~ 60 Hz、3 A、单相
合规性	CE、FCC、EAC
软　件	GrabCAD Print
打印模式	高质量速度（HQS）-18.75 μm
精度	与 STL 尺寸的偏差，对使用硬质材料打印的模型，在 1 Sigma（67%）的统计学范围内，基于尺寸：小于 100 mm ~ ±150 μm；大于 100 mm ~ 零件长度的 ±0.15% 与 STL 尺寸的偏差，对使用硬质材料打印的模型，在 2 Sigma（95%）的统计学范围内，基于尺寸：小于 100 mm ~ ±180 μm；大于 100 mm ~ 零件长度的 ±0.2%

与 J8 系列机型相比，Stratasys J55 3D 打印机拥有高分辨率 3D 打印、良好的打印速度和多种材料支持，并且支持全彩 3D 打印。它的全彩经过潘通认证，实现 47.8 万色阶，并且可同时使用 5 种材料。它采用旋转的打印平台和固定的打印头，简化了系统维护且提升可靠性，如图 4.3.4 所示。

图 4.3.4　旋转打印平台

图 4.3.5　Stratasys J55 3D 打印机制作的模型

Stratasys J55 3D 打印机占地面积仅为 0.43 m²，而有效打印面积达到了 1 174 cm²，提升了有效的空间利用率，如图 4.3.5 所示。其静音效果与家用冰箱类似，运行时不到 53 dB，并集成了 ProAero 过滤系统，可实现无味和干净的气体循环。另外，它的定价大大降低，相比过去 Polyjet J8 系列几十万美元的高昂价格，它在北美定价为 9.9 万美元，大大拉低了 Polyjet 技术的应用门槛。

Stratasys J55 3D 打印机的主要应用是视觉原型的生产，且在形状、颜色和纹理上类似于最终产品。打印机可以模拟各种材料表面纹理以获得最佳效果，包括木材、皮革或织物，如图 4.3.5 所示。这项功能对于设计人员来说非常有价值，可以向用户展示新产品的外观和触感，无须采用批量生产或复杂的原型制造。

为了简化工作流程，Stratasys J55 系统支持 GrabCAD Print 软件并且可以导入常见的 CAD 文件以及 3MF 格式文件，无缝地对接多种三维设计软件。

三、Polyjet 设备的优缺点

（一）优点

①高质量。以高达 16 μm 的分辨率引领市场，确保平滑和非常精细的组件和模型。

②清洁。一般都用于办公环境，使用非接触式树脂装卸，易去除配套材料，易更换喷头。

③方便快捷。归功于高速光栅施工搭建，可实现短时间的加工，不需要后固化，可同时施工多个工程。

④高精度。精确的喷涂和施工材料性能确保细部和薄壁。

（二）缺点

①这个过程需要支撑结构。

②生产产品耗费的材料成本相对高。与 SLA 一样使用光敏树脂作为耗材，这个生产成本

会很高。

③强度比较低。成形材料是树脂，成形后强度、耐久度都比较低。

📖 拓展深化

根据 Polyjet 设备的介绍和其优缺点，你能想到哪些 Polyjet 设备的应用方向呢？

📖 分析与评价

_____ 项目学习任务评价表

班级 _____   学生姓名 _____   学号 _____

项　目	自我评价			小组评价			教师评价		
	9 ~ 10	6 ~ 8	1 ~ 5	9 ~ 10	6 ~ 8	1 ~ 5	9 ~ 10	6 ~ 8	1 ~ 5
	占总评 10%			占总评 30%			占总评 60%		
学习活动 1									
学习活动 2									
学习活动 3									
表达能力									
协作精神									
纪律观念									
工作态度									
分析能力									
创新能力									
操作规范性									
小　计									
总　评									

任课教师：_____   年   月   日

📖 课后练习题

一、选择题

不属于 Polyjet 3D 打印机的优势是（　　）。

　　A. 可打印多彩模型　　B. 可打印复合材料模型　　C. 能提高工作效率　　D. 材料成本低

二、判断题

1. 耗材成本低是 Polyjet 3D 打印机的优势。　　　　　　　　　　　　　（　　）

2. 高端的 Polyjet 3D 打印机可用于打印钛合金航天器材部件。　　　　　（　　）

3. 艺术设计师使用 Polyjet 3D 打印机进行创作能极大地提高工作效率。　（　　）

4. Polyjet 3D 打印的模型必须进行后处理才能使用。　　　　　　　　　（　　）

单元4　Polyjet 典型应用及案例

单元结构

- ● 问题导入
- ● 认知学习
  - ➤ 多材料应用
  - ➤ 典型案例
- ● 拓展深化
- ● 分析与评价

单元目标

了解多彩打印典型案例应用场景及特点。

问题导入

Polyjet 技术相对于其他 3D 打印的成形方式，在材料、颜色、机械性能上有更多的选择。那么是否意味着 Polyjet 有更多的应用场景呢？

认知学习

Polyjet 3D 打印机使专业设计师、工程师、教师和医疗行业人员精确、快速、现实地创造机会和解决问题。强大优势源于 Polyjet，可固化的光敏树脂能够生成非常精细的层及光滑的表面、复杂的细节和鲜艳的色彩。

产品设计师和开发人员可以在一次操作中创建具有全彩色、多材料特质和真实纹理的逼真原型和模型，从而能够在进行全面生产之前获得意见反馈。全彩色柔性材料可提供用于医师培训和术前准备的逼真解剖模型，从而降低手术室成本并改善患者疗效。相比于金属模具，用数字材料制成的注塑和吹塑模具的生产速度更快、成本更低，可进行成本低廉的小批量生产。牙科实验室可通过在单次打印操作中实现多种模型和试戴来提高效率。

一、多材料应用

多材料产品是结合不同材料、具有不同机械性能和颜色的产品。例如，结合了刚性手柄和柔软触感机盖的产品，或者是其上带有徽标或文字的彩色零件。

对由一种材料和颜色制成的少数产品，原型设计和生产可以是一步到位的过程。但是，大多数产品都是组件，它们由几个零件组成，这些零件通过不同的材料制成，并且具备多种颜色。

思考：如图 4.4.1—图 4.4.6 所示，哪一项是多材料零件？

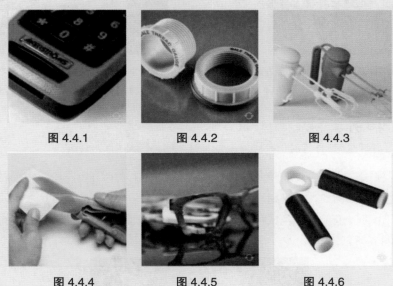

图 4.4.1　　　　　　　图 4.4.2　　　　　　　图 4.4.3

图 4.4.4　　　　　　　图 4.4.5　　　　　　　图 4.4.6

答案：

图 4.4.1：结合刚性和柔软触感组件的多材料零件。

图 4.4.2：将黑色文字与仪表体相结合的多材料零件。

图 4.4.3：单一材料原型，一个以 VeroWhite 进行三维打印，另一个以 VeroBlue 打印。

图 4.4.4：看似单一材料，实际上它是一个多材料零件，其以 Digital ABS 进行三维打印，这是结合了两种不同材料的数字材料，提供额外的强度和耐用性。

图 4.4.5：多颜色和多材料产品 / 结合使用不同颜色的色调和透明材料。

图 4.4.6：多材料产品，将刚性材料部件与柔软触感柔性材料的包覆成形相结合。

（一）应用场景

1. 设计验证

创建设计良好的多材料产品需要使用模仿最终设计中所用材料的原型验证设计和测试。

2. 功能测试

使用多种材料创建原型可实现功能测试，从而返回准确的结果并确保生产的产品符合质量要求，如图 4.4.7、图 4.4.8 所示。

图 4.4.7　多材料和多颜色产品，包括具有柔软触感的刚性零件和不同的色调

图 4.4.8　对采用刚性白色材料和黑色柔软触感材料组件的零件进行原型设计

（二）应用案例

1. 数字材料

数字材料模式是两种或更多种 Polyjet 树脂在打印时混合的组合，其结合了具有不同物理和视觉特性的材料。例如，数字材料生产可从透明到不透明的零件，其间采用预先确定的半透明度。它们也可以是单一颜色或色调组合，具有从柔软和柔韧到坚硬和刚性的纹理和结构特性，如图 4.4.9 所示。

图 4.4.9　淋浴头原型，使用透明材料和不同色调的组合

2. 数字 ABS

数字 ABS 是一种独特的材料，它结合了两种具有不同机械性能的材料，具有高抗冲击强度、耐高温和高光洁度。

数字 ABS 可以使用其他材料进行打印，如在刚性 DABS 组件上包覆成形的柔性材料，如图 4.4.10 所示。

图 4.4.10　用于手术的医疗设备工具，采用数字 ABS、Agilus30 Black 包覆成形

3. 混合零件

Polyjet 解决方案提供混合零件，使用两种以上的基础材料来制造一种多材料产品。

借助这个过程，不再需要创建多个零件。例如，采用 3 种基础材料的水瓶：VeroBlue、VeroBlackPlus 和 VeroWhitePlus（每种材料具备不同的材料颜色），如图 4.4.11 所示。

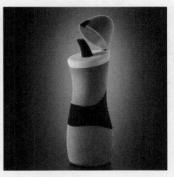

不同的颜色和柔软的触感材料的水瓶

图 4.4.11　结合了不同的颜色和柔软的触感材料的水瓶

二、典型案例

（一）缩短包装开发周期

三得利集团是以销售清凉饮料和酒精饮料为主的综合饮料厂商，其规模位居世界第六。三得利研究开发生产管理株式会社在清凉饮料容器的试制开发过程中，引进了 Stratasys 公司的 Polyjet 系列 3D 打印机 Objet Eden 260VS，以代替原本委托给外部企业的模具制作环节，从而大幅缩短了试制评估时间，使塑料瓶设计的完成度得到显著提高。

在引入 3D 打印技术之前，开发新塑料瓶时，从敲定设计到生产线开工，大概需要 6 ～ 9 个月时间。新商品的推出或现有商品的更新大多会在春季和秋季进行，开发工作通常会以此为目标而推进，既要兼顾可追溯性和品质提升，又要在有限的开发时间内，达到日益提高的塑料瓶轻量化标准，实现复杂的商品概念设计。为了在这两个方面达到高度平衡，企业面临着非常严峻的考验。

过去，为了试制塑料瓶，企业工作人员会从外部采购铝制模具。但与金属模具厂商之间的沟通以及金属加工等因素总是会拉长开发的前置期。出现过虽然有想要试制的饮料瓶形状，但因为时间限制而不得不放弃的情况。在摸索如何缩短前置期的过程中，企业发现了用树脂取代金属，并且可以在公司内部完成制作的 3D 打印机。

在三得利集团引进 Objet Eden 260VS 后，通过使用 3D 打印机来增加试制次数。使用传统模具进行试制评估时，每次大约需要 1.5 个月，而使用 3D 打印机制作的树脂模具，可以缩短至最短 3 d。并且，在引进 3D 打印机后，三得利集团在包装工程师中培养了会使用 3D CAD 的人才，概念设计师也使用 3D CAD。双方在试制前使用相同的 3D CAD 图纸进行讨论，大幅提高了每次试制评估的准确度。试制评估最快 3 d 就能完成，概念设计师、市场营销人员、包装工程师、产品工程师可以拿着试制品的实物和数据，迅速地交流正确信息，如图4.4.12 为 3D 打印的树脂模具。

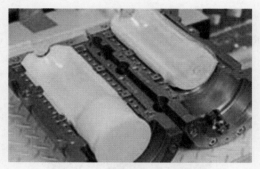

图 4.4.12　3D 打印的树脂模具

（二）奥迪汽车使用 Polyjet 3D 打印技术打印汽车尾灯

奥迪在位于德国因戈尔施塔特的预系列中心拥有一个专门的塑料 3D 打印中心，员工可以为该公司建立物理模型和原型，以评估新的设计和概念。轮罩、门把手和散热器格栅等部件经过模制和铣削以展现新设计。预系列中心一直在使用 3D 打印，使团队能够加快设计验证并克服传统原型制作流程的局限性。

车辆尾灯罩通常使用铣削或模制来进行构建，但尾灯外壳的多色罩制作比较难，会带来一些挑战。这些单独的颜色部件必须进行组装，它们不能一件式生产，组装需要时间，这在一定程度上延长了交货时间以及延迟车辆的上市时间。

奥迪使用 Stratasys 的 J750 款 Polyjet 3D 打印机将这些多色、透明的零件制成一体，无须像以前那样需要多个步骤。该打印机提供超过 50 万种颜色组合，这意味着零件可以按照奥迪的多种颜色和纹理生产，如图 4.4.13、图 4.4.14 所示。

图 4.4.13　奥迪汽车的尾灯

图 4.4.14　3D 打印的奥迪汽车的尾灯罩设计样件

　　使用 J750 进行尾灯罩的原型设计，可以节省高达 50% 的时间。这款车辆尾灯是奥迪独特的全彩色、多材质 3D 打印技术，为多个设计流程合并为一个加速开发周期的典范，如果将奥迪在尾灯上实现的节省时间延伸到车辆的其他部分，对上市时间的总体影响会非常大。

拓展深化

　　随着技术的进步、设备和材料性能的提高、成本的降低，Polyjet 的应用范围越来越广泛。Polyjet 3D 打印机将来也许会成为学习办公必不可少的帮手。那么，你能想到 Polyjet 能帮助你做些什么呢？

分析与评价

项目学习任务评价表

班级 _____　　　　学生姓名 _____　　　　学号 _____

项　目	自我评价			小组评价			教师评价		
	9～10	6～8	1～5	9～10	6～8	1～5	9～10	6～8	1～5
	占总评 10%			占总评 30%			占总评 60%		
学习活动 1									
学习活动 2									
学习活动 3									
表达能力									
协作精神									
纪律观念									
工作态度									
分析能力									

续表

项　目	自我评价			小组评价			教师评价		
	9 ~ 10	6 ~ 8	1 ~ 5	9 ~ 10	6 ~ 8	1 ~ 5	9 ~ 10	6 ~ 8	1 ~ 5
	占总评 10%			占总评 30%			占总评 60%		
创新能力									
操作规范性									
小　计									
总　评									

任课教师：_____　　　　　　　　　年　月　日

课后练习题

一、选择题

不属于光聚合成形类型技术的是（　　）。

A. 立体光固化成形工艺（SLA）　　　　　B. 聚合物喷射技术（PI）

C. 数字光处理技术（DLP）　　　　　　　D. 三维印刷工艺（3DP）

二、判断题

1. Polyjet 3D 打印的模型，只能作为样品展示外观，不能被实际使用。　　　　（　　）

2. 现阶段企业购买 Polyjet 3D 打印机并不能解决实际问题。　　　　　　　　（　　）

3. 由不同材料组成的产品无法使用 Polyjet 3D 打印机进行制造。　　　　　　（　　）

4. 在医学上，除了术前辅助规划，Polyjet 3D 打印机也能打印人体植入材料。（　　）

3D 打印准则

本模块主要围绕3D成形工艺展开学习，包含3D打印成形过程中出现的现象，并作了总结性描述，在打印成形前处理阶段的设计过程遵循一定的原则，合理成形。

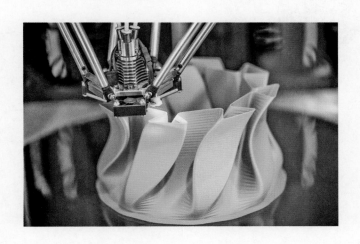

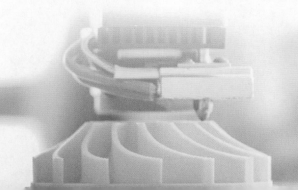

模块目标

1. 掌握 3D 打印成形工艺规则对成形的影响。
2. 能够运用成形技术修改简单零件。

学习地图

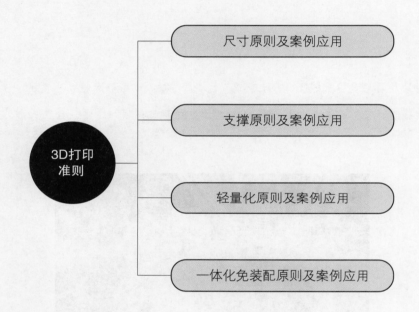

3D打印准则

- 尺寸原则及案例应用
- 支撑原则及案例应用
- 轻量化原则及案例应用
- 一体化免装配原则及案例应用

建议学时

4 学时。

单元 1　尺寸原则

单元结构

- 问题导入
- 认知学习
  - 最大打印尺寸
  - 最小壁厚
  - 公差
  - 最小细节
  - 最大外悬长度
- 拓展深化
- 分析与评价

单元目标

1. 了解尺寸对 3D 打印成形工艺的影响。
2. 能够根据尺寸原则对中等复杂的零件进行修改。

问题导入

经常有人问某款 3D 打印机铭牌上标注的精度可以达到吗?

为什么我发给你的模型你却打印不了?

3D 打印需要结合模型结构,影响 3D 打印成功的因素有很多,如 3D 打印材质、尺寸、参数设置等,其中 3D 打印壁厚的设置对打印成功起很大的作用。

本单元学习尺寸、壁厚、最小细节等因素对打印结果的影响。

认知学习

数字 7 模型

一、最大打印尺寸

最大一次性成形尺寸取决于打印机的打印空间大小,但是不建议一次性打印极限尺寸模型,因为 3D 打印机在打印尺寸过大时风险会增加,且易翘曲,在允许的情况下,可以选择切割拼接工艺来缩小风险，同时还可以适当降低打印费用。另外，结构需要加支撑会影响打印精度。不同 3D 打印材料单件 3D 打印模型的最大尺寸是不同的。每种材料的具体打印尺寸可以去"我要打印"页面，点击具体 3D 打印材料查看。

注意：高度方向的尺寸跟打印时间相关联，在同一个模型下，变换不同的打印方向，改变打印高度所带来的打印时间完全不同，如图 5.1.1、图 5.1.2 所示。

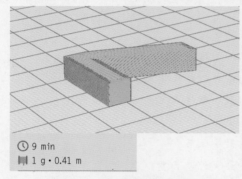

🕐 9 min
▥ 1 g · 0.41 m

图 5.1.1　数字 7 切片预览 1

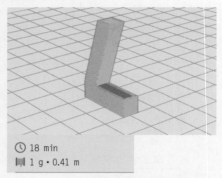

🕐 18 min
▥ 1 g · 0.41 m

图 5.1.2　数字 7 切片预览 2

二、最小壁厚

为了保证模型结构强度，3D 打印有最小壁厚限制，壁厚越大，零件硬度和强度越高。一般 FDM 最小壁厚为 1 mm，SLA 和 SLS 最小壁厚为 0.6 mm，可以根据模型功能需求，适当对模型壁厚在 0.8 ~ 2.5 mm 之间，当然，模型尺寸越大，所需最小壁厚也越大，如图 5.1.3 所示。

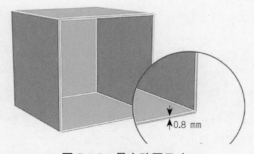

0.8 mm

图 5.1.3　最小壁厚尺寸

三、公差

公差也称为允许的误差范围，如 SLA-a 光敏树脂的公差为 ±0.1 mm，3D 打印模型的尺寸如果要做到 1 mm，最终 SLA-a 打印出来如果为 0.9 mm 或者 1.1 mm，都属于正常范围。

3D 打印件如需拼接，要预留一定的装配间隙，设计 3D 图纸时就需要确定好，如图 5.1.4 所示。

图 5.1.4　拼接间隙指示图

一般的 FDM 拼接件所需间隙为 0.2 ~ 0.3 mm，SLA 拼接间隙为 0.1 ~ 0.2 mm，拼接间隙由模型尺寸大小上下调整，模型越大，所需拼接间隙也应越大。能否做到公差范围内就看 3D 打印机的精度。例如，公差范围需要在 0.1 mm 的，如果 3D 打印机的精度为 0.2 mm，则打印不了这个模型。

四、最小细节

最小打印细节主要由 3D 打印机的分辨率决定，如果设计图纸的时候把细节设得太小，3D 打印和后期清理会造成模型细节丢失。例如，打印一段楼梯，如果用 PLA 打印，可能 0.4 ~ 0.5 mm 都不是很明显，但用 SLA 光敏树脂却可以很清楚地看到楼梯的层次感，如图 5.1.5 所示。

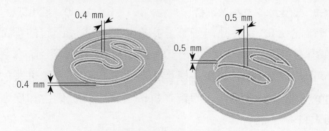

图 5.1.5　最小细节展示图

①最小支撑壁厚：建议 0.4 mm 支撑壁是指有两个或者多个面连接其他的壁。在切片过程中，小于 0.4 mm 的支撑壁可能会弯曲，如图 5.1.6 所示。

②最小非支撑壁厚：建议 0.6 mm 非支撑壁是指少于两个面连接其他的壁。非支撑壁小于 0.6 mm 会弯曲或者在打印过程中与模型分离，如图 5.1.7 所示。

图 5.1.6　最小支撑壁厚　　　　　图 5.1.7　最小非支撑壁厚

③最小非支撑外悬角度：建议水平 19°（ 35 mm×10 mm×3 mm ）。

外悬角度是指外悬突出的部分和水平之间的角度。如果打印的角度小于 19°，可能会引起外悬部分从模型断裂。如果平面已经没有支撑，旋转没有支撑的那部分使得它能够获得支撑，如图 5.1.8 所示。

④最大水平支撑跨度 / 桥：建议 21 mm（5 mm×3 mm）跨度是指一个结构的两个中心支撑之间的距离。虽然不建议打印水平跨度，但是某些几何图形还是可以很好地打印。对宽 5 mm、厚 3 mm 的横梁，长度大于 21 mm 的跨度可能会打印失败。宽的横梁需要短一些来避免在 Z 轴上升过程中发生断裂。

⑤最小垂直圆柱体直径：建议 0.3 mm（高 7 mm）至 1.5 mm（高 30 mm）。

圆柱体的特性是长度大于宽度两倍。这个比例是打印线条的关键。如果打印 0.3 mm，可以打印到 7 mm 的高度，超过 7 mm 就会开始晃动。而 1.5 mm 的宽度可以确保高度达到 30 mm，如图 5.1.9 所示。

图 5.1.8　最大水平支撑跨度桥

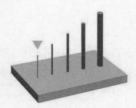
图 5.1.9　最小圆柱

⑥最小凸出细节：建议 0.1 mm 凸出细节是指在模型上浅浅凸起的那部分，如打印的文字。如果这些细节在模型上厚度和高度都小于 0.1 mm，就可能看不到，如图 5.1.10 所示。

⑦最小凹槽细节：建议 0.4 mm 凹槽是模型上不需要打印或者凹进去的部分。如果厚度和高度都小于 0.4 mm 可能就会看不到，因为在打印过程中，它们会和模型的其他剩余部分融合在一起，如图 5.1.11 所示。

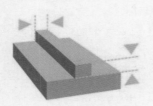
图 5.1.10　最小凸台

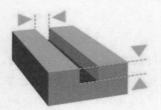
图 5.1.11　最小凹槽

⑧最小间隙：建议 0.5 mm 间隙是指模型的两个活动件之间需要的距离（如两个齿轮或者连接处之间的距离）。如果间隙小于 0.5 mm，将会导致两个活动件融合在一起，如图 5.1.12 所示。

图 5.1.12　最小间隙

图 5.1.13　最小孔

⑨最小孔径：建议 0.5 mm。X、Y、Z 轴方向上的口径小于 0.5 mm 时，在打印过程中，这个孔可能会封死，如图 5.1.13 所示。

⑩最小引流孔直径：建议直径 3.5 mm 对空腔完全封闭的模型，建议使用引流孔来让树脂从模型内流出（就像在构建平台上直接打印空心的球体或者空心圆柱体一样）。如果模型上没有这个直径至少是 3.5 mm 的引流孔，模型内部就会留存树脂，并会导致模型龟裂，如图 5.1.14 所示。

五、最大外悬长度

最大外悬长度建议设置为 1 mm。外悬是指模型的一部分平行于构建平台水平突出。不建议没有支撑打印这样的外悬，缺少支撑不能维持这个的结构。水平外悬会在超出 1 mm 的情况下轻微变形，而且会随着外悬部分的长度增加，变形会更加严重，如图 5.1.15 所示。

图 5.1.14 最小引流孔

图 5.1.15 最大外悬

拓展深化

如果新接触一台陌生的打印机，在观察铭牌及打印机规格参数后，是否可以完全按照官方的打印机参数进行打印？机器是否可靠？如果数据不可靠，该如何做？

解决方法：打印一个参数打印试块，如图 5.1.16 所示。

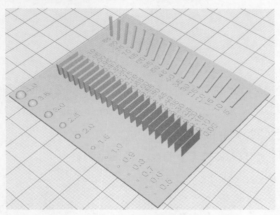

精度打印块

图 5.1.16 特征测试块

分析与评价

_____ 项目学习任务评价表

班级 _____　　　　学生姓名 _____　　　　学号 _____

项　目	自我评价			小组评价			教师评价		
	9 ~ 10	6 ~ 8	1 ~ 5	9 ~ 10	6 ~ 8	1 ~ 5	9 ~ 10	6 ~ 8	1 ~ 5
	占总评 10%			占总评 30%			占总评 60%		
学习活动 1									
学习活动 2									
学习活动 3									
表达能力									
协作精神									
纪律观念									
工作态度									
分析能力									
创新能力									
操作规范性									
小　计									
总　评									

任课教师：_____　　　　　　　　　　　　　　　　年　月　日

课后练习题

判断题

1. 喷头挤出直径为 0.2 mm 的 FDM 成形机器可以打印 0.2 mm 的圆柱。　　　　（　　）

2. 3D 打印机的成形最大尺寸为 200 mm×300 mm×450 mm，可以打印长度为 400 mm，高度为 180 mm，宽度为 220 mm 的零件。　　　　（　　）

3. 3D 打印机的成形尺寸是根据基板的大小来确定的。　　　　（　　）

单元 2　支撑原则

单元结构

- ● 问题导入
- ● 认知学习
  - ➢ 什么样的模型需要添加支撑结构
  - ➢ 3D 打印支撑结构的缺点
  - ➢ 如何巧妙地去除支撑结构
- ● 拓展深化
- ● 分析与评价

单元目标

1. 了解支撑对 3D 打印成形工艺的影响。
2. 能够根据支撑原则对中等复杂的零件进行修改。

问题导入

　　3D 打印工艺中支撑结构是必不可少的，一方面，它们对具有悬垂或桥梁的模型是必要的；另一方面，增加了材料成本，增加了更多的后处理工作，并且损坏模型的表面。

　　正确获得 3D 打印支撑结构是 3D 打印复杂模型的一个非常重要的方向。

　　如何获取正确的模型支撑结构呢？

认知学习

一、什么样的模型需要添加支撑结构

　　模型添加支撑主要是为了防止在打印过程中材料下坠，影响模型打印的成功率。

　　在这里，需要说明一个概念——3D 打印中的 45° 角原则。通俗来讲就是是否添加支撑需要看模型有没有悬空部分，悬空部分是否大于 45°。如果悬垂物与垂直方向倾斜的角度小于 45°，可以不使用 3D 打印支撑结构打印该悬垂物；如果与垂直方向呈 45° 以上，则需要 3D 打印支撑结构。

如图 5.2.1 所示的阿拉伯数字 7，数字 7 在图 5.2.1（a）中的突出部分相对于垂直方向具有小于 45° 的角度，打印数字 7 无须添加支撑结构。

没有 3D 打印支撑结构，数字 7 在图 5.2.1（b）、（c）中将无法正确打印，将会是如图 5.2.2 所示一团糟的情况。

不同的摆放方向会需要不同的支撑，添加支撑的要求也不一样。

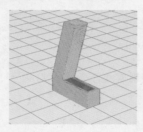  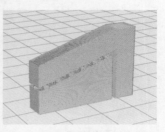

（a）数字 7 无支撑打印　　（b）数字 7 有支撑打印 1　　（c）数字 7 有支撑打印 2

图 5.2.1　数字 7 打印

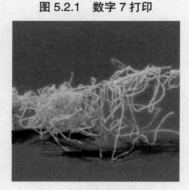

图 5.2.2　打印失败现场

部分 3D 打印工艺中需要为打印零件添加支撑结构，以防止零件卷曲和翘曲。例如，在使用 SLM 加工金属零件时，通常需要为悬伸结构添加支撑；在 SLA 3D 打印中，存在需要添加支撑结构的情况。

二、3D 打印支撑结构的缺点

1. 增加材料成本

因为支撑结构需要额外的材料，所以在打印后将它们移除并丢弃。使用的每一点 3D 打印支撑结构都会增加模型的成本。

2. 增加打印时间

3D 打印支撑结构的添加，意味着打印的东西变多，打印时间随之增加。

3. 增加后处理工作

3D 打印支撑结构不是模型的一部分，它们用于在打印期间支撑模型的各个部分。一旦打印结束，要在模型准备就绪之前将支撑结构移除。

4. 损坏模型的风险

3D 打印支撑结构经常粘在模型的壁上，这是为悬垂和桥梁提供支撑的唯一方法。如果在移除 3D 打印支撑结构时不小心，它们可能会在模型表面留下瑕疵，如图 5.2.3 所示。最坏的情况，部分模型可能会与 3D 打印支撑结构一起断裂。

（a）打印支撑　　（b）支撑移除造成损害　（c）支撑移除没有太大损害

图 5.2.3　3 种支撑状态

三、如何巧妙地去除支撑结构

拆支撑时要有耐心，可先尝试用手指打破那些 3D 打印支撑结构，大多数支撑结构很容易脱落。

遇到结构复杂的，可以采用偏口钳或者刀进行拆除，如图 5.2.4 所示。砂纸是一种很好的去除工具。使用高砂砾砂纸（220 ~ 1 200 目）进行湿磨砂纸去除 3D 打印支撑结构，还可以抛光模型。

图 5.2.4　美工刀去除支撑

总而言之，使用 3D 打印支撑结构存在重大缺陷。要尽量减少 3D 打印支撑结构的使用，在必要时添加它，并在添加支撑时注意方法。也可选择其他打印工艺，如选择性激光烧结工艺（SLS）、尼龙材料打印，则无须添加支撑结构。

3D 打印技术本身是一项节省成本的工艺技术，如果能实现所有 3D 打印工艺的无支撑化，制造业将实现真正的"零损耗"。

拓展深化

支撑材料可以选择水溶性材料。这主要针对双喷头独立加热的 3D 打印机，一个喷头用来喷出模型材料，另一个喷头用来喷出支撑材料。两种材料特性不同，打印完之后，只需将模型浸入水中或柠檬烯中即可冲洗掉支撑结构，如图 5.2.5 所示。

图 5.2.5　水溶支撑材料去除前后

这种移除降低了模型损坏的风险，在使用之后容易处理，适合复杂模型的打印。

分析与评价

_____ 项目学习任务评价表

班级 _____　　　　学生姓名 _____　　　　学号 _____

项　目	自我评价			小组评价			教师评价		
	9 ~ 10	6 ~ 8	1 ~ 5	9 ~ 10	6 ~ 8	1 ~ 5	9 ~ 10	6 ~ 8	1 ~ 5
	占总评 10%			占总评 30%			占总评 60%		
学习活动 1									
学习活动 2									
学习活动 3									
表达能力									
协作精神									
纪律观念									
工作态度									
分析能力									
创新能力									
操作规范性									

续表

项　　目	自我评价			小组评价			教师评价		
	9 ~ 10	6 ~ 8	1 ~ 5	9 ~ 10	6 ~ 8	1 ~ 5	9 ~ 10	6 ~ 8	1 ~ 5
	占总评 10%			占总评 30%			占总评 60%		
小　　计									
总　　评									

任课教师：＿＿＿＿＿＿＿＿＿＿＿＿　　　　　　　　　　　　　　　　年　月　日

课后练习题

一、单选题

外伸出结构可以不添加支撑的条件是（　　）。

　　A. 外伸长度符合最小悬臂长度

　　B. 外伸出结构与基板有 45° 以上的夹角角度

　　C. 可以不添加支撑打印任何结构

二、判断题

1. 内部结构中只要两点间的距离符合最大的搭接长度，该结构下方可以不添加支撑。（　　）

2. 为保障成形质量，3D 打印支撑结构必须全部添加。　　　　　　　　　　　　（　　）

单元3 轻量化原则

单元结构

- 问题导入
- 认知学习
  - ➤ 中空夹层/薄壁加筋结构
  - ➤ 镂空点阵结构
  - ➤ 一体化结构
  - ➤ 拓扑优化结构
- 拓展深化
- 分析与评价

单元目标

1. 了解轻量化对3D打印成形工艺的影响。
2. 能够根据轻量化原则对中等复杂的零件进行修改。

问题导入

轻量化车身一直是汽车行业中一个重大的发展方向。然而，很多人会提出汽车车身的轻量化只不过是一个噱头，属于伪命题的疑问，因为汽车的滚动摩擦系数很小，车身轻并不能减少多大的阻力。

滚动阻力其实就是整车对地面的压力乘以滚动摩擦系数。而汽车的平均滚动摩擦系数为0.02，也就是说，汽车的滚动摩擦阻力 $f = \mu mg$，如果车辆质量为1 000 kg，滚动摩擦阻力为200 N，轻量化车身后，车辆质量为900 kg，滚动摩擦阻力为180 N。

大部分人看到这个数字后，会觉得轻量化的车身对实际的摩擦阻力影响并不是很大。那为何厂商还要继续追求轻量化车身呢？

认知学习

轻量化结构的优势不难理解，以汽车为例，质量轻了，可以带来更好的操控性，发动机输出的动力能够产生更高的加速度，车辆轻，起步时加速性能更好，刹车时的制动距离更短。以飞机为例，质量变轻了可以提高燃油效率和载重量。

要实现轻量化，宏观层面上可以通过采用轻质材料，如钛合金、铝合金、镁合金、陶瓷、塑料、玻璃纤维或碳纤维复合材料等材料来达到目的；微观层面上可以通过采用高强度结构钢这样的材料使零件设计得更紧凑和小型化，有助于轻量化。

轻量化的实现途径主要有 3 个方面：一是材料的优化设计和应用；二是产品结构的优化设计；三是先进制造技术的开发应用。三者相辅相成以实现最终产品的轻量化制造，而其中产品结构优化设计和材料的优化设计具有研究和开发空间。

轻量化的材料是指可以用来减轻产品自重且可以提高产品综合性能的材料。在当前的轻量化材料中，钢铁仍然保持主导地位，但钢铁材料的比例逐年下降，铝合金、钛合金、镁合金、工程塑料、复合材料等材料比例逐渐增加。

优化设计是实现轻量化的另一重要手段，它不仅可以降低对材料的使用要求，还能减少昂贵材料的使用量，缩短加工时间。当前，轻量化结构设计方法主要包括以下几种：点阵结构大规模替代实体材料，减轻质量同时赋予结构功能性；拓扑优化为增材制造提供创新设计，增材制造为拓扑优化提供制造手段；创成式设计，突破设计极限，实现结构不断进化。

轻量化的材料 + 创新型的设计 +3D 打印，新模式为减重进一步释放了空间。材料和结构协同制造，使满足更高要求成为可能。

3D 打印作为一种先进的新型制造工艺之一，受到了广泛重视，它的优势体现在增量制造所带来的材料浪费损失的降低，以及集成制造带来的轻量化效果的大幅提升。成熟的 3D 打印工艺和材料受到了很多汽车制造商的重视，大众、福特、宝马等汽车厂商均设立了包括增材制造在内的先进制造中心，这无疑为轻量化制造带来了更多机遇。

3D 打印带来了通过结构设计层面上达到轻量化的可行性，具体来说，3D 打印通过结构设计层面实现轻量化的主要途径有 4 种：中空夹层 / 薄壁加筋结构、镂空点阵结构、一体化结构、拓扑优化结构。

一、中空夹层 / 薄壁加筋结构

中空夹层 / 薄壁加筋结构通常由比较薄的面板与比较厚的芯子组合而成。在弯曲荷载下，面层材料主要承担拉应力和压应力，芯材主要承担剪切应力，也承担部分压应力。夹层结构具有质量轻、弯曲刚度与强度大、抗失稳能力强、耐疲劳、吸音及隔热等优点。

在航空、风力发电机叶片、体育运动器材、船舶制造、列车机车等领域，大量使用夹层结构，减轻质量。

如果用铝、钛合金做蒙皮和芯材，这种夹层结构称为金属夹层结构，西安铂力特在 3D 打印过程中，采用夹层结构，实现构件的快速轻量化，经过设计的夹层结构对直接作用外部于蒙皮的拉压载荷具有很好的分散作用，薄壁结构（如壁厚 1 mm 以下）能对减重作出贡献；夹层及类似结构可用作散热器，在零件上应用，极大地提高零件的热交换面积，提高散热效率，如图 5.3.1 所示。

图 5.3.1　机翼中空设计结构

二、镂空点阵结构

镂空点阵结构可以达到工程强度，韧性，耐久性，静力学、动力学性能以及制造费用的完美平衡。通过大量周期性复制单个胞元进行设计制造，通过调整点阵的相对密度、胞元的形状、尺寸、材料以及加载速率多种途径，来调节结构的强度、韧性等力学性能，如图 5.3.2所示。

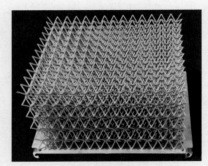

图 5.3.2　三维镂空点阵

三维镂空结构具有高度的空间对称性，可将外部载荷均匀分解，在实现减重的同时保证承载能力。除了工程学方面的需求，镂空点阵结构间具有空间孔隙（孔隙大小可调），在植入物的应用方面，可以便于人体肌体（组织）与植入体的组织融合。

镂空点阵单元设计有很高的灵活性，根据使用的环境，可以设计具有不同形状、尺寸、孔隙率的点阵单元。西安铂力特在这方面作了不断的尝试：在构件强度要求高的区域，将点阵单元密度调整得大一些，并选择结构强度高的镂空点阵单元；在构件减力需求高的区域，添加轻量化幅度大的镂空点阵结构，镂空结构不仅可以规则排列，还可以随机分布以便形成不规则的孔隙。另外，镂空结构可以呈现变密度、厚度的梯度过渡排列，以适应构件整体的梯度强度要求。

三、一体化结构

3D 打印可以将原本通过多个构件组合的零件进行一体化打印，这样不仅实现了零件的整体化结构，避免了原始多个零件组合时存在的连接结构（法兰、焊缝等），还可以帮助设计者突破束缚实现功能最优化设计，如图 5.3.3 所示。

一体化打印
挖掘机模型

图 5.3.3　一体化打印挖掘机

　　一体化结构的实现除了带来轻量化的优势，减少组装的需求，还为企业提升生产效益打开了可行性空间。这方面典型的案例是 GE 通过长达 10 年的探索将其喷油嘴的设计进行不断的优化、测试、再优化，并将喷油嘴的零件数量从 20 多个减少到 1 个。通过 3D 打印将结构实现了一体化，不仅改善了喷油嘴容易过热和积碳的问题，还将喷油嘴的使用寿命延长了 5 倍，提高了 LEAP 发动机的性能。

四、拓扑优化结构

　　拓扑优化是缩短增材制造设计过程的重要手段，通过拓扑优化来确定和去除那些不影响零件刚性的部位的材料。拓扑方法确定在一个确定的设计领域内最佳的材料分布，包括边界条件、预张力，以及负载等目标。

　　拓扑优化对原始零件进行材料的再分配，往往能实现基于减重要求的功能最优化。拓扑优化后的异形结构经过仿真分析完成最终的建模，这些设计往往无法通过传统加工方式加工实现，但可以通过 3D 打印则可以实现，如图 5.3.4 所示。通常 3D 打印出来的产品与传统工艺制造出来的零件还需要组装在一起，设计的同时需要考虑两种零件结合部位的设计。

图 5.3.4　拓扑优化流程

　　以上 4 种 3D 打印结构是实现机械轻量化的一个方向，实现机械轻量化是一个系统的工程，从每一个关键零部件的设计优化、制造，到轻量化材料的研发与应用都是轻量化探索道路上不可或缺的。

📖 **拓展深化**

英国轻量化项目联盟在 3D 打印金属结构方面做了什么？

项目一：空气制动门铰链

零件开发目标：轻量化的空气制动门铰链需要承受 50 kN 的制动门带来的扭矩要求，在两年的开发与优化过程中，能满足适合实际的制动要求。轻量化的方法包括优化制动门铰链的自身结构力学设计以及内部晶格结构，如图 5.3.5 所示。

图 5.3.5　铰链拓扑优化流程

项目二：返航太空舱的热保护系统

返航太空舱在进入地球空气层时，压力和速度的变化对舱体的力学结构带来很大挑战。通过增材制造 Ti-6AI-4V 的晶格结构获得 0.4 k/cm³ 的超轻密度，这样的结构需要设计成在某种压力下会被"压破"，这需要选择精确的晶格结构几何设计。通过在 EOS 的设备上不断地测试，最终获得最优化的晶格结构以满足返航太空舱 TPS 的性能要求，如图 5.3.6、图 5.3.7 所示。

图 5.3.6　太空船返回示意图

图 5.3.7　舱体内部晶格

📑 分析与评价

_____ 项目学习任务评价表

班级 _____　　　　学生姓名 _____　　　　　　学号 _____

项　　目	自我评价			小组评价			教师评价		
	9 ~ 10	6 ~ 8	1 ~ 5	9 ~ 10	6 ~ 8	1 ~ 5	9 ~ 10	6 ~ 8	1 ~ 5
	占总评 10%			占总评 30%			占总评 60%		
学习活动 1									
学习活动 2									
学习活动 3									
表达能力									
协作精神									
纪律观念									
工作态度									
分析能力									
创新能力									
操作规范性									
小　计									
总　评									

任课教师：_____　　　　　　　　　　　　　　　　　年　月　日

📑 课后练习题

一、单选题

传统零件内部不添加晶格结构的原因是（　　）。

　　A. 加工工艺不允许

　　B. 计算机辅助技术和模拟技术的不成熟

二、多选题

1. SLM 可以实现（　　）的成形。

　　A. 轻量化结构　　　　B. 一体化结构　　　　C. 晶格结构

　　D. 复杂内部结构　　　E. 免装配结构

2. 零部件一体化结构设计的优点是（　　）。

　　A. 零件数减少，连接减少，可靠性提高　　B. 零件数减少，实现轻量化

　　C. 零件数减少，生产及物流周期缩短　　　D. 零件减少，生产工序减少

　　E. 零件减少，零件制造成本下降

三、判断题

1. 只要符合使用要求，零件应该尽可能地进行轻量化。　　　　　　　　　　（　　）

2. 轻量化后的零件都要用增材制造的方式来制备。　　　　　　　　　　　（　　）

单元4　一体化免装配原则

单元结构

- ● 问题导入
- ● 认知学习
  - ➢ 一体化免装配的适用范围
  - ➢ 一体化打印的注意事项
- ● 拓展深化
- ● 分析与评价

单元目标

1. 了解一体化免装配增材成形工艺的特点及注意事项。

2. 能够根据一体化原则对中等复杂的零件进行修改。

问题导入

在传统模型的制造工艺中，往往需要将装配体各组件分别制造再进行装配，耗费时间长，不能实现模型样件的快速制作。

对于需要快速验证并测试模型设计合理性、整体效果的情况来说，传统制造工艺周期的验证、测试阶段较长，相对于快速成形工艺的短周期特性存在明显不足。

产品设计师除了考虑模型的外观造型外，还需要在设计中更多地考虑如何将分散零部件进行加工并在后期合理组装的问题，这增加了产品设计师考虑其设计可加工性的难度。

采用 3D 打印技术是否可以改善设计阶段的这些问题呢？

认知学习

一、一体化免装配的适用范围

增材制造使得现有的工作组件中制备复杂的连锁运动部件成为可能。尽管连锁运动部件中的两个组件可能会永久地连接在一起，但是在 3D 打印中，它们可以分别作为一个单独的部件，直接从机器中被取出，并随时可以工作。

怎样的零件适合一体化打印呢？

首先是在原有的装配件中零件位置相对静止，可以作为一体打印件来考虑，如图 5.4.1 所示的 GE 燃油喷嘴，可以用一体打印的方式来打印。

图 5.4.1　喷嘴一体化打印无支撑切片预览

其次是零件有相对运动但配合要求不高的部件，如图 5.4.2 所示的展示类玩具挖掘机。

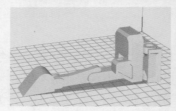

图 5.4.2　挖掘机无支撑一体化打印

为了使增材制造工艺制备出更完整的组件，设计人员需要在移动的零部件之间留出很小的间隙，增材制造机器不加工这些间隙中的材料，在零件加工完成后可以将其去除，使周围的组件能够自由移动。间隙的大小因工艺而异，但通常为几分之一毫米。

需要重点明确的是按照工程标准，活动部件之间所需要的间隙是重要的参数。如果需要具有紧密工程配合的活动部件，则通过 3D 打印技术将很难以组装结构直接打印。

增材制造可以生产带有活动零件的组件，但是应该考虑它是否适合工程应用。

增材制造工艺的精度相对较低，并且在活动零件之间需要较大的间隙。AM 无法制作一个正常运行的滚珠轴承（除非将其作为装饰物），但是可以制作一个精度要求相对较低的能正常运行的铰接部件。

活动零件之间的间隙大小取决于紧密接触的表面区域。表面积小的部位相较于表面积大的部位更容易实现活动零件的打印，并且在活动零件之间需要存在更小的间隙。

二、一体化打印的注意事项

①满足最小间隙原则。

②满足最大搭接距离。

③在满足打印机精度要求的基础上进行设计。

零件合并的一种危险在于设计师会走向极端，设计出大量零件合并的产品，而这些零件组装起来既困难又费时。

拓展深化

如图 5.4.3 所示为使用 FDM 技术打印的龙模型，整条龙是通过一次打印工序制备的，不需要任何组装。

无支撑一体化
打印龙模型

图 5.4.3　无支撑一体化打印的龙

如果使用传统的制造方法来制造这条龙，至少需要 30 个组件，并且需要组装程序才能将所有单独的组件连接在一起。

分析与评价

_____项目学习任务评价表

班级 _____　　　　学生姓名 _____　　　　学号 _____

项　目	自我评价			小组评价			教师评价		
	9 ~ 10	6 ~ 8	1 ~ 5	9 ~ 10	6 ~ 8	1 ~ 5	9 ~ 10	6 ~ 8	1 ~ 5
	占总评 10%			占总评 30%			占总评 60%		
学习活动 1									
学习活动 2									

续表

项 目	自我评价			小组评价			教师评价		
	9 ~ 10	6 ~ 8	1 ~ 5	9 ~ 10	6 ~ 8	1 ~ 5	9 ~ 10	6 ~ 8	1 ~ 5
	占总评 10%			占总评 30%			占总评 60%		
学习活动 3									
表达能力									
协作精神									
纪律观念									
工作态度									
分析能力									
创新能力									
操作规范性									
小 计									
总 评									

任课教师：_____   年   月   日

课后练习题

判断题

1. 部件中的零件有条件多合并就尽可能地合并。   (   )

2. 3D 一体打印是众多加工制造工艺中独有的优势。   (   )

3. 3D 一体打印成形的零件可以做相对运动。   (   )

模块六 典型应用场景及案例

本模块介绍 3D 打印在航空航天、汽车、医疗等行业的研究，包括针对 3D 打印在牙科、手术器械、轻量化零件、结构性电子、塑料、发动机、航天行业、铸造、散热器、液压零件等应用的研究现状案例，透析其在这些领域的发展趋势与前景。

典型应用场景 1：航空航天

案例 1：FDM 技术助力 Sierra Space 的 Dream Chaser 太空飞机遨游宇宙

3D 打印的验证黏力装置（中间白色装置），用于黏合和检查热防护系统隔热片，如图 6.1.1 所示。

图 6.1.1　3D 打印的验证黏力装置

Sierra Space 打造的"Dream Chaser"号太空飞机是一款多任务多功能的运输工具，其主要任务是将货物从地球运送到一些近地球轨道的目的地如国际空间站。作为可重复使用的航天设备，"Dream Chaser"必须承受重返地球大气层时的高温。这是太空飞行过程中非常关键的一步，需要热防护系统（TPS）。TPS 会在航天器外部建立一个保护层，保护层由 2 000 块耐高温隔热片组成，这就像给航天飞机披了件斗篷。

隔热片通过一种装置粘在"Dream Chaser"的表面，这种装置可以将隔热片粘在准确的位置，并在拉力测试中找到一个合适的黏力。若使用传统工艺来制造此类装置，则需要使用耐热片模具和树脂材料进行铸造。一个装置只能匹配一块隔热片，这个生产过程就变得非常耗时耗力。

Sierra Space 制造团队想要找到一种更好的解决方案，他们选择使用 3D 打印技术而不是传统的铸造工艺来制造该装置，这个制造过程充分利用了 3D 打印的多项优势。3D 打印无须人力，减少了用树脂材料铸造每一个装置所耗费的时间。事实上，选择 3D 打印所节省下来的劳动力成本足以支付一台 Stratasys F900™ 打印机。

案例 2：Senior Aerospace 将 FDM 增材制造技术带入航空航天业

使用 Stratasys 航空级 ULTEM™ 9085 树脂材料来生产零件可为 BWT 的客户提供稳健、可重复和可追踪的生产过程。如图 6.1.2 所示为用于低压空气管道系统的零件。

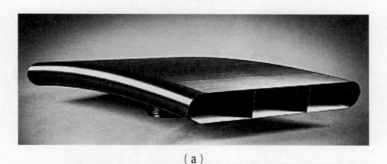

（a）

（b）

（c）

图 6.1.2 用于低压空气管道系统的零件

2018 年，Senior Aerospace BWT 与其技术合作伙伴一起交付了第一批供气管道零件，其中包含一个用于支线客机的 3D 打印零件。这是一个由可追踪 ULTEM™ 9085 树脂材料制成的皮托管，该特殊设计可用增材制造实现，连接在管道上，用于连接烟雾探测器。从那时起，Senior Aerospace BWT 便开始采用 FDM 技术，至今为客户提供了数百个轻型、随时可用于飞行且带有高度复杂几何形状的飞机内部零件。

Senior Aerospace BWT 首席执行官 Darren Butterworth 说道："Stratasys 推出的 FDM 增材制造技术以其 ULTEM™ 9085 树脂材料征服了我们，它是最先进、最受认可的材料之一，用于可飞行的航空航天零件，重要的是它可以实现从零件到源头的批次追踪。"与传统的铝件制作工艺相比，BWT 的增材制造团队看到 FDM 技术在减少零件质量、降低成本和缩短交货时间方面展现出显著的可量化优势。这在涉及多个不同零件（一些零件可能只有几厘米）的项目中尤为明显。

案例：航空航天

典型应用场景 2：汽车

案例 1：3D 打印如何助力迈凯伦提升速度

Pier Thynne 迈凯伦生产总监说："在过去的 50 年里，迈凯伦集团始终是 F1 赛车行业的创新型领军企业。在目前 F1 赛车行业中运用的几项技术创新方面，迈凯伦处在领先地位，其中包括电子面板控制单元和遥测技术软件。掌握最新技术是我们取得成功和保持良好业绩的基础，我们对 3D 打印技术的掌握也不例外。与 Stratasys 进行合作可以让我们始终走在 FDM 和 Polyjet 制造的前沿。"

图 6.2.1 所示为 F1 赛车，图 6.2.2 所示为打印的换胎枪外壳，图 6.2.3 所示为可溶消失模样品。

图 6.2.1　F1 赛车

图 6.2.2　换胎枪外壳

图 6.2.3　可溶消失模样品

如图 6.2.4 所示为在 J850 上使用 VeroUltra Clear 打印的横臂悬架测试模型。

如图 6.2.5 所示为在 3D 打印的悬架模型上涂抹黏合剂。

如图 6.2.6 所示为组装在一起的零件。

如图 6.2.7 所示，透明的零件显示出结果：部分区域的黏合剂分布不均；另一部分区域的黏合剂过多。

图 6.2.4

图 6.2.5

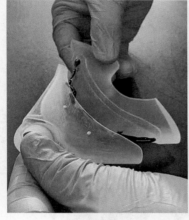

图 6.2.6

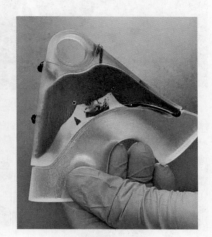

图 6.2.7

　　另一项测试显示，优化后的黏合剂分布有着出色的覆盖范围，并且未发生材料浪费的现象，如图 6.2.8 所示。

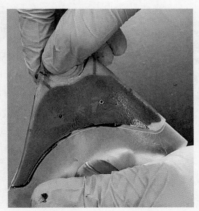

图 6.2.8

案例 2：FDM 技术打造轻量化、坚韧的挡泥板，让卡车跑得更远

图 6.2.9

图 6.2.10

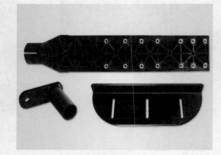

图 6.2.11

案例：汽车模具

图 6.2.12

图 6.2.13

　　制造更窄的 3D 打印挡泥板和与之配套的支架组件意味着需要创造全新的模具，这是一项巨大的投资。对于 Larsen 来说，在开始制造模具之前获取准确的原型设计尤其重要，功能性原型制作必不可少。在 Minimizer 独特的崎岖不平的测试环境中，FDM 是唯一一项可以胜任此任务的 3D 打印技术。

　　FDM 一流的工程性热塑塑料包含 ULTEM™ 9085 树脂。这种树脂是一种全能且坚韧的快速原型制作材料，其在机械强度、耐热性和耐化学性方面表现卓越。

典型应用场景 3：医疗

案例：医疗

案例 1：解锁秘密配方，制作新型儿科解剖模型

3D 打印技术正在改变手术规划，并为患有复杂先天性心脏病（CHD）的婴儿提供个性化医疗服务。

SSM Health Cardinal Glennon 儿科医院（位于密苏里州圣路易斯市的一家儿科医疗中心）的心血管团队采用了 3D 打印技术来优化这类患者的手术规划（图 6.3.1）。

"3D 模型有助于确定最佳手术方法。能够让我们根据我们可以获得的最佳信息，作出详尽的病例计划。"

医学博士 Charles Huddleston
心胸外科医生，儿科
SSM Health Cardinal Glennon 儿科医院

图 6.3.1

根据美国心脏协会（American Heart Association）的数据，先天性心脏缺陷是全球常见的出生缺陷。在美国，每 1 000 名婴儿中就有 8 名受到影响，幸运的是，其中仅有 1/4 需要在出生后的第一年接受手术。作为一家儿科转诊中心，SSM Health Cardinal Glennon 儿科医院会为一些病情复杂的患者提供治疗，这些患者的心脏只有核桃大小，并且需要在出生后的数天或数周内接受修复手术。如图 6.3.2 所示为心脏 3D 模型。

RA ASD MV VSD LV AO

图 6.3.2 患有先天性矫正性大动脉转位、心室间隔大量缺损和严重主动脉瓣下狭窄的 5 日龄婴儿的心脏 3D 模型

AO—主动脉；ASD—房间隔缺损；RA—右心房；LV—左心室；MV—二尖瓣；VSD—室间隔缺损

案例 2：3D 打印技术将 2D 医学影像转变为真实的模型

  一些医疗机构很快就发现了 3D 打印模型的教育价值。3D 打印的肾脏，内部结石所处位置可以不受限制，半透明的材料使得手术无须内窥镜就能完成。除此之外，水可以在模型中循环流动，模拟使用激光和超声波研磨结石的过程，以达到超逼真的触觉反馈。Medical IP 技术与 Stratasys J750 实现超逼真的技能培训。Medical IP 致力于探索医疗人工智能技术所带来的新方法，以预测、治疗和管理疾病。

  通过与 Stratasys、Medtronic、Johnson & Johnson、Olympus、Bard 和 Intuitive 等全球大型医疗领军企业的合作，Medical IP 力求提升基于人工智能的医学影像分析技术，并将其核心技术扩展到 3D 打印等新应用。

  首先，获取患者的 MRI 或 CT 扫描（图 6.3.3）。然后，通过人工智能的医学影像分析技术重建为三维模型，使用软件将其分层。工程师将数据传输到 CAT 程序以修复潜在问题，而后使用 GrabCad Print 选择合适的纹理、材料和颜色，传输到 3D 打印机，打印完成得到一个三维模型（图 6.3.4）。

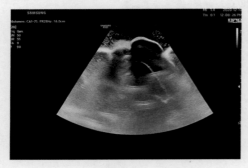

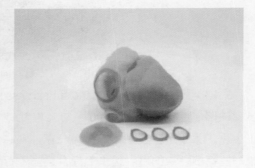

图 6.3.3   图 6.3.4

  "人工智能和 3D 打印被视为两项不同的技术。但我们却另辟蹊径：我们一直在寻找对患者有益、对医疗专业人士有帮助的解决方案。通过结合人工智能与 3D 打印技术，我们创造了协同效应。我们计划向国内外更多的医疗专业人士提供数字医疗的创新成果。" Sang Joon Park，Medical IP 首席执行官说。

案例：心脏术前
规划

典型应用场景 4：消费品案例

案例 1：Quadpack 使用 Stratasys J850Prime 持续优化包装设计与生产

如图 6.4.1、图 6.4.2 所示为 Quadpack 打印样品。

案例：消费品 1

图 6.4.1

Quadpack Industries 市场拓展与设计研发部总监说："要成为行业的领头羊，我们就需要简单高效的创新自由和思想自由。J850 Prime 在颜色、材料和整体效率方面给了我们不同的选择，让我们可以用更快的速度完成早期设计和开发。"

图 6.4.2

Quadpack Industries 是一家成立于 2003 年的国际企业，专门从事化妆品行业定制包装方案 的开发与设计，其产品包括化妆品、香水和护肤品。Quadpack Industries 在多年前采用了 Stratasys J 系列 3D 打印技术，随后扩充设计团队成立了设计与高级技术部门。该团队现发展成立了市场拓展与设计研发部，并在新产品开发和设计方面持续发力。 Quadpack Industries 市场拓展与设计研发部总监 Jeremy Garrard 说道："Quadpack 旨在帮助我们的客户获得炫酷、顶级的包装设计方案，最大限度地突显产品的吸引力。我们客户的需求还在不断增长，我们必须升级产品开发流程以实现预期目标。几年前我们投资了 Stratasys Polyjet 3D 打印技术，这使得我们得以走在行业的最前端。现在，我们在不断寻找更新、更优良的产品设计和开发方法以应对新挑战，也就是将多种材料和颜色混合以实现最佳的仿真效果。"

特点：产品开发过程中的设计灵活性、供客户选择的高档材料和色彩视觉效果、简化设计工作流程。

案例 2：初创企业推出采用 Polyjet 3D 打印的人体工学口罩

案例：消费品 2

图 6.4.3　采用 Polyjet 3D 打印的人体工学口罩

图 6.4.4　带有可更换过滤器的 Breathe99 B2 口罩

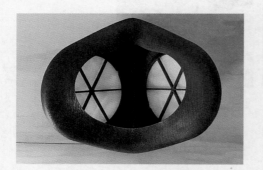

图 6.4.5　使用 Agilus30 3D 打印的多材料 B2 口罩原型

图 6.4.6　堪称完美的 PPE 原型

Matt Havekost AdvancedTek 增材制造销售副总裁说："设计和测试一款适合每个人面部的可密封性口罩极具挑战性。Polyjet 是确保 Breathe99 应对这些挑战的理想解决方案。"

COVID-19 疫情将个人防护用品推向了大众的焦点。在短短几天内，AdvancedTek 制作出多种不同的口罩迭代原型，这些原型有不同的硬度、尺寸和装配选项，这正是 Breathe99 所需要的。对于 AdvancedTek 来说，这样的项目很有价值，因为它们可以印证多材料 3D 打印在产品设计领域的重要性。

典型应用场景 5：生产制造案例

案例 1：ABS-CF10 制作扭力杆

扭力杆样品（图 6.5.1）由 ABS-CF10 材料制成。ABS-CF10 是一款基于 ABS 的高强度硬质热塑塑料，含 10% 的短切碳纤维，可用于 Stratasys® F123™ 系列打印机，各项参数见表 6.5.1。该零件专门设计用于展示 ABSCF10 材料的硬度特点。与 ABS 热塑塑料相比，ABS-CF10 的硬度提升了 50%。ABS-CF10 材料具有更高的强度和硬度，是应用于多种使用案例的理想之选。

特色材料：ABS-CF10

图 6.5.1　扭力杆样品

表 6.5.1　制作扭力杆的各项参数

系　统	F123 系列
材　料	ABS-CF10
打印切片	0.010 in（0.025 cm）
打印时间	1 h 13 min
材料用量	1.23 in³（20.2 cm³）
使用的支撑材料	0.55 in³（9.01 cm³）

案例：汽车夹具

案例 2：用于工厂车间的 3D 打印夹具和治具

3D 打印工具可以取代如图 6.5.2 所示的典型金属、多重零件和焊接的装配夹具。

图 6.5.2

如图 6.5.3 所示的 3D 打印装配工具提供了一种质量更轻、速度更快的车轮螺母安装方法。

图 6.5.3

如图 6.5.4 所示的单件检验工具（白色）取代了通常为多件焊接的组件。

图 6.5.4

易于制造的钻孔治具加快了如图 6.5.5 所示的空间运载火箭的装配过程。

图 6.5.5

质量更轻的 3D 打印臂端工具减轻了机械臂的负荷，并且通常比同类金属材料的制造速度更快、成本更低，如图 6.5.6 所示。

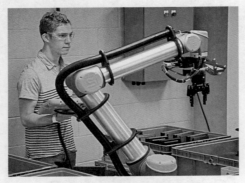

图 6.5.6

一名工人使用 3D 打印的校对规检验如图 6.5.7 所示的汽车装配拟合度。

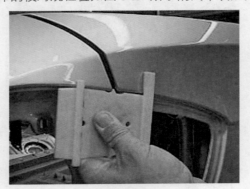

图 6.5.7

创建如图 6.5.8 所示的 CMM 检验治具所用时间仅为制造金属模具所用时间的一小部分。

图 6.5.8

增材制造技术带来了设计自由度，可以轻松创建定制工具架和分拣托盘，如图 6.5.9 所示。

图 6.5.9

　　3D 打印的白色拇指工具提供了一种手段以减轻劳损，并防止在插入塑料塞时受到累积性伤害，如图 6.5.10 所示。

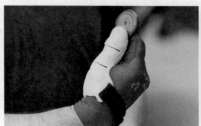

图 6.5.10

　　如图 6.5.11 所示的 3D 打印夹爪为工人提供更舒适的方式来抓取连接器，从而减轻劳损。

图 6.5.11

　　如图 6.5.12 所示的 3D 打印的汽车门密封夹具，不仅质量减少了 80%，而且缩短了任务周期时间。

图 6.5.12

　　由 TPU92A 弹性体材料制成的具有柔软触感、柔韧的装配工具可以将徽标定位在摩托车油箱上，而不会毁坏涂漆面，如图 6.5.13 所示。

　　如图 6.5.14 所示为用于工厂车间的 3D 打印工具。

图 6.5.13

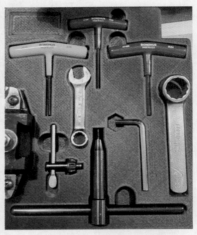
图 6.5.14

3D 打印比赛典型案例

本模块结合校内竞赛及教育部和人社部的竞赛进行竞赛案例梳理。

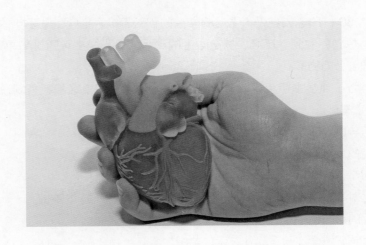

典型案例 1："神笔马良" 3D 打印笔竞赛

指导手册

一、比赛目的

为举办更大规模的比赛奠定基础。

3D 打印笔是一支可以在空气中书写的笔，帮助学生把想象力从纸张上解放出来。

3D 打印笔作为增材制造 3D 打印技术的入门设备，可以更好地发挥学生的想象力，将二维向三维转变。

"神笔马良" 3D 打印笔大赛是为了培养学生的创新思维，把学生从多年的单一思维中解放出来，让学生想到并做到。还可以提高学生的动手能力，学生可通过简单的学习熟悉 3D 打印笔创造属于自己的物品。

本次比赛是为了让学生初步了解 3D 打印技术，让学生知道这种新兴制造技术，为今后学习 3D 打印奠定基础。

此次"神笔马良" 3D 打印笔比赛旨在：

○ 提高学生的三维造型能力以及创造性思维能力。

○ 让学生初步了解 3D 打印技术并掌握 3D 打印笔的操作。

○ 激发学生对 3D 打印行业的热情，为以后 3D 行业的科研打下基础。

○ 培养学生的科研动手能力和对新鲜事物的感知能力。

○ 激发学生钻研科学实验理论和技术的热情。

○ 推动 3D 打印相关产业的科研进展。

二、主办单位及参赛对象

主办：成都航空职业技术学院校团委

承办：成都航空职业技术学院大学生科技协会

　　　成都航空职业技术学院 3D 科创协会

协办：成都市远浩三维科技有限公司

参赛对象：成都航空职业技术学院全体学生

三、比赛内容

选手通过 3D 打印笔，发挥自己的想象力和创新力来制作作品，比赛分为以下阶段：打印笔领取、作品制作、线下展览投票。

○ 打印笔领取：分 3 个批次领取打印笔，每个批次 70 支笔并登记。

○ 作品制作：领取打印笔后，展开周期为两天时间的作品制作，制作完成后将打印笔归还（打印笔领取地点为尚学楼附楼 313）。

○ 线下展览投票：所有作品制作完成后承办方在生活广场进行线下展览并投票。

四、活动流程

1. 赛前事宜

主办方将组织赛前讲解，解答疑惑并熟悉 3D 打印笔，讲解 3D 打印笔的工作原理，并制作 PPT 与视频教程供参赛人员了解。

2. 竞赛流程

本次比赛以个人的形式进行报名，每组 1 人。参赛人员在规定时间内提交作品，并按时归还 3D 打印笔。制作阶段结束后将安排统一评分展览投票环节，投票规则如下：

①每人只有一次投票权，可对 3 个作品进行投票。

②每次对 3 个不同的作品进行投票，重复投票无效。

③少于 3 个或多于 3 个投票号码，投票无效。

④如有恶意拉票者将取消比赛资格。

比赛结束后将举办闭幕式暨颁奖典礼。

五、比赛进程安排

○ 宣传、报名时间：4 月 15 日—23 日

○ 比赛时间：4 月 22 日—26 日

○ 线下展览与投票时间：4 月 29 日

○ 颁奖时间：5 月 7 日

六、所需要的打印笔与材料

①打印笔 70 支。

②耗材：3D 打印耗材（PLA）××卷。

（以上器材和用品均由实验室提供，不需选手准备）

七、比赛要求

①在指定截止时间内提交 3D 打印作品，作品必须为原创，否则取消比赛资格。

②由工作人员分配 3D 打印笔进行绘画，需在规定设备以及规定时间内完成作品。

③参与本次活动的同学应严格遵守活动纪律，严禁携带任何危险物品进入活动场地。

④活动期间同学们应团结友好，切勿发生冲突与矛盾。比赛过程中，进出注意秩序，防止出现踩踏伤人事件。

典型案例 2：FDM 成形工艺——3D 打印大赛

📖 指导手册

一、比赛目的

增材制造技术是有别于减材制造（如切削加工、电加工）及等材制造（如铸造、焊接、锻造、粉末冶金）的一种全新的快速成形技术，是计算机、精密机械、高能束流、材料等多种学科在加工工艺上的新兴集成制造技术，为目前各种零件的成形带来很多机遇和挑战，在制造领域具有非常积极的意义。3D 打印大赛是培养学生创新思维能力的重要一环，也是进行材料加工的一种新的材料成形方式，它改变了传统的成形方式，是传统制造技术的革新，而且 3D 打印能实现学生的想法，将不可能变成可能，是学习、科研不可或缺的重要组成部分。此次 3D 打印比赛旨在：

- 提高学生的三维造型能力以及创造性思维能力。
- 让学生了解 3D 打印的基本原理并掌握 FDM 设备操作。
- 激发学生对 3D 打印行业的热情，为以后 3D 行业的科研打下基础。
- 培养学生的科研动手能力和对新鲜事物的感知能力。
- 激发学生钻研科学实验理论和技术的热情。
- 推动 3D 打印相关产业的科研进展，为后续举办更大规模的比赛奠定基础。

二、主办单位及参赛对象

主办方：成都航空职业技术学院（机电工程学院）

协办方：成都市远浩三维科技有限公司

参赛对象：成都航空职业技术学院航空装备制造产业学院在校学生

三、比赛内容

根据主办方发布的主题，参赛选手自主建模，通过 3D 打印制作成品，再进行后期处理。模型必须满足功能性、结构性、艺术观赏性（模型不能超过规定尺寸），并通过后处理工序后完成最终零件制造。参赛者须在规定的时间完成创意提交、模型制作和测试 3 个环节的内容（具体要求见"比赛流程"）。其中模型制作是比赛的主体，包括以下 4 个环节：

准备打印模型 ➤ 分层 ➤ 打印 ➤ 后期处理

选手的最终成绩由以下两部分组成：
○ 最终零件外观质量及设计新颖性（30%）。
○ 最终零件质量及力学性能（70%）。

四、活动流程

1. 赛前事宜

主办方将组织赛前培训，安排讲解和答疑。选手可在赛前培训时熟悉比赛所用分层软件、打印设备等。

2. 竞赛流程

（1）个人报名

本次比赛以个人的形式进行报名，每组1人。工作人员将根据所选时间安排场次和小组编号，组号即比赛作品编号和设备编号（3D打印机、计算机）。比赛中参赛小组的数量有上限，若报名数量超出限定数量，取限定数。

（2）比赛流程

统一安排建立3D模型的时间地点，选手在安排时间地点打印开始前完成，如果在安排时间内没有完成建模视为自动弃权。打印阶段将持续24 h，在比赛过程中每个小组将固定使用一套设备（含打印机和耗材及相关模型清理工具）。比赛日8：00开始比赛（打印场地不早于8：00开放），22：00结束比赛（所有人员必须于22：00前离开）。对参赛队伍的到场时间和离场时间没有强制要求，保证完成制作即可。参赛选手应在相应场次先到达签到处签到，并签订比赛诚信承诺书。

选手比赛应检查核对抽签号、设备编号、耗材编号，是否与自己一一对应，在比赛过程中严格遵守纪律。选手在比赛开始后应根据操作顺序操作设备，保证打印的顺利进行，中途不能重新换新的模型进行打印，打印完成后要处理打印模型，并检查打印面板是否损坏。如遇损坏需向工作人员申请并换上新的打印面板。比赛期间选手可向工作人员申领新的耗材；如遇机器或者计算机损坏等主办方原因可申请调换机器，选手应在比赛时间结束前将作品交至评审处。

（3）检测

模型制作阶段结束后将安排统一测试环节，将对每个选手的作品进行破坏性测试。

（4）赛后事宜

比赛结束后将举办闭幕式暨颁奖典礼。

五、比赛时间及地点

1. 报名、培训及建模

· 10月25日00：00 报名截止
· 10月25日—10月26日 赛前培训

2. 比赛地点（待定）

· 10 月 27 日 题目发布

· 10 月 31 日建模

· 11 月 1 日打印模型

3. 正式比赛

· 10 月 31 日上午 10：00 开幕式

4. 地点待定

5. 测试及闭幕式

六、所需要的设备和器材

①桌面 FDM 3D 打印机 5 台。

②耗材：3D 打印耗材（PLA）10 卷。

③后处理用品：后期模型处理工具，包括美工刀、斜口钳、小铲刀、电磨具、砂纸、特种胶等。

（以上器材和用品均由实验室提供，不需选手准备。选手需自备笔记本电脑）

七、评审委员会

主　任：门正兴

副主任：岳太文　马亚鑫

委　员：陈诚　张学睿

八、奖项设置

一等奖 2 名

二等奖 6 名

三等奖 10 名　（若参赛队伍较少，则适当调整奖项数量）

九、比赛题目及要求

1. 比赛题目

①使用建模软件（UG SOLIODWORLS 等）画出以下图纸，可自行在此图纸作修改以达到最佳效果（图纸如图 7.2.1）。

②将模型导出 STL 格式使用切片软件进行切片，自行选择支撑、填充密度，以及底层需要的格式，以使打印出的模型达到最佳效果。

③打印模型将进行拉伸试验检测承受载荷强度。

注：填充密度影响模型承受载荷强度，比赛前将会统一培

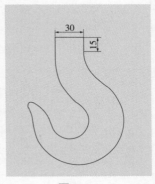

图 7.2.1

训如何使用 3D 打印机及切片软件。

④拉伸式样夹头为 ϕ30，最低高度不低于 15 mm。

⑤模型成形最大高度不得超过 120 mm，宽度 60 mm。

⑥模型最小成形质量不得低于 30 g。

⑦模型导入切片软件中能够调整整体尺寸 x、y、z 的打印尺寸。

⑧打印时长不得超过 8 h，如超过需要自行调整打印尺寸、填充密度及其支撑（打印时长受 x、y、z 尺寸，填充密度、支撑影响）。

⑨打印尺寸不受建模尺寸影响。

2. 比赛要求

①在规定时间内画出模型。

②打印时不得使用他人模型，否则取消比赛资格。

③在比赛过程中服从安排。

④选择合适的填充密度、支撑进行打印（最大填充密度不得超过 60%）。

⑤打印尺寸不得超过建模完成尺寸。

评分细则（打分表）

<table>
<tr><td colspan="5">评分标准表</td></tr>
<tr><td colspan="2">评分标准</td><td>所占分值</td><td>分值说明</td><td>备注</td></tr>
<tr><td rowspan="2">建模</td><td>按图纸建造模型</td><td>5</td><td>完全按照图纸建出模型</td><td></td></tr>
<tr><td>在图纸上进行创新</td><td>5</td><td>在现有图纸上进行改进合理即可</td><td></td></tr>
<tr><td>创新</td><td>创新</td><td>15</td><td>将图纸进行创新提高承受载荷强度</td><td></td></tr>
<tr><td rowspan="3">打印</td><td>直接进行打印</td><td>10</td><td>将模型直接导出切片软件、不作更改直接进行打印</td><td></td></tr>
<tr><td>适当地进行模型的调整</td><td>35</td><td>在切片软件内进行更改选择合适的底层格式、填充密度及支撑（支撑少分值则高）</td><td></td></tr>
<tr><td>完成打印后的处理</td><td>5</td><td>打印完成的后续处理（主要清理打印时模型支撑影响的表面质量）</td><td></td></tr>
<tr><td>承受载荷强度</td><td>测验模型强度</td><td>15</td><td>承受载荷强度越高则相对应分值越高</td><td></td></tr>
<tr><td rowspan="3">整理整顿</td><td>检查</td><td>3</td><td>打印前后对机器进行检查</td><td></td></tr>
<tr><td>整理</td><td>3</td><td>打印完成对工具进行归位</td><td></td></tr>
<tr><td>纪律</td><td>4</td><td>比赛纪律</td><td></td></tr>
</table>

典型案例3：逆向工程＋FDM成形增材制造比赛

指导手册

一、任务名称与时间

1. 任务名称：某型电动雕刻笔创新设计与制造。
2. 竞赛时间：10 h。

二、已知条件

电动雕刻笔利用交流电频率周期特性产生受迫振动，使打印针高频振动，从而在工件上刻画出一定深度的标记，广泛适用于金属、玉器、玻璃、塑料、大理石、瓷器等材料表面上进行雕刻、打标或签名。

某型电动雕刻笔如图7.3.1所示，自投放市场以来，根据客户对电动雕刻笔便携性和增加壳体强度的要求，拟对电动雕刻笔进行再设计。

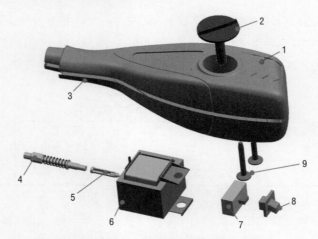

图7.3.1　电动雕刻笔示意图

1—壳体（正面）；2—调速钮；3—壳体（反面）；
4—打印针；5—连接杆；6—振动源；7—开关；8—开关套；9—螺钉

电动雕刻笔基本情况：电动雕刻笔由壳体、振动源和打印针等9个组件构成。外形尺寸长度约180 mm，外形为多个规则和不规则平面或曲面构成，质量约0.30 kg。

三、数字化设计阶段的任务、要求、评分要点和提交成果

任务1 实物三维数据采集（15分）

参赛选手对赛场提供的三维扫描装置进行标定。

利用标定成功的扫描仪和附件对任务书指定的实物进行扫描，获取点云数据，并对获得的点云进行相应取舍，剔除噪点和冗余点后保存点云文件。考核选手复杂表面点云准确获取能力。

（1）标定

参赛选手利用赛场提供的三维扫描装置和标定板，根据三维扫描仪使用要求，进行三维扫描仪标定。要求自行认定至三维扫描仪"标定成功"状态，并将该状态截屏保存，格式采用图片 jpg 或 bmp 文件。

注意：文件名不得出现工位号。

提交：标定成功截图，格式为 jpg 或 bmp 文件，文件名为"11bd"。提交位置：现场给定两个 U 盘，将"11bd"保存在 U 盘根目录中一份，计算机 D 盘根目下备份一份，其他地方不准存放。

（2）数据采集

参赛选手使用自行认定"标定成功"的三维扫描仪和附件，完成给定的电动雕刻笔壳体外表面扫描，并对获得的点云进行取舍，剔除噪点和冗余点。

注意：不得拆卸封装好的壳体，封装螺钉已加封石蜡，若发现石蜡被破坏竞赛成绩记零分。

提交：经过取舍后点云电子文档，格式为 asc 文件，文件名命名为"12dy"，及封装后的电子文档 stl 文件，文件命名为"13sm"。提交位置：U 盘根目录一份，计算机 D 盘根目录下备份一份，其他地方不准存放。

分值指标分配见表 7.3.1。

表 7.3.1 分值指标分配

指　标	扫描仪采集系统调整	主体完整性、处理效果	局部特征完整性、处理效果	细节特征完整性、处理效果
分　值	1	3	3	3

评分标准：将选手提交的扫描数据与标准数字模型进行比对，组成面的点基本齐全（以点足以建立曲面为标准），并且平均误差小于 0.06 为得分，平均误差大于 0.10 为不得分，中间状态酌情给分。

注意：（1）标志点处不作评分，未扫描到的位置不得进行补缺。

　　　　（2）利用逆向模型反推的点云数据不给分。

任务2　逆向建模（20分）

参赛选手利用"任务1"采集的点云数据，使用逆向建模软件，对给定的电动雕刻笔壳体外表面进行三维数字化建模。对逆向建模的模型进行数字模型精度对比（3D比较、2D比较、创建2D尺寸），形成分析报告。考核选手数模合理还原能力。

注意：

（1）合理还原产品数字模型，要求特征拆分合理，转角衔接圆润。优先完成主要特征，在完成主要特征的基础上再完成细节特征。整体拟合不得分。

（2）实物的表面特征不得改变，数字模型比例（1∶1）不得改变。

（3）实物的孔表面可作光滑处理。

提交：

（1）对齐坐标后用于建模的"stl"文件，命名为"21jm"。

（2）电动雕刻笔壳体数字模型的建模源文件和"stp"文件，命名为"22jm"。

提交位置：保存在U盘根目录一份，计算机D盘根目录下备份一份，其他地方不准存放。

数字模型精度对比：利用逆向建模软件功能，作数字模型精度对比报告。选手逆向建模完成后，使用逆向建模软件分别进行模型的3D比较（建模STL与逆向结果）、2D比较（指定位置）及创建2D尺寸（指定位置并标注主要尺寸），创建"pdf"格式分析报告。

注意：仅对比外表面，对比报告配分将与创新设计说明结合给出。详见任务三分值指标分配。

提交：对比文件采用"pdf"格式文件，文件命名为"23db"。提交位置：保存在U盘根目录中一份，计算机D盘根目录下备份一份，其他地方不准存放。

分值指标分配见表7.3.2。

表7.3.2　分值指标分配

指　标	数据定位合理性	模型特征的完成度	特征拆分合理性	特征完成精确度	关键特征精度	数字模型对比（报告）
分　值	2	5	3	5	2	3

评分标准：将选手创建的模型与扫描数据进行比对，平均误差小于0.08。而建模质量好、合理拆分特征、拟合度高的得分。平均误差大于0.20不得分，中间状态酌情给分。

任务3　创新设计（35分）

参赛选手利用给定的实物和"任务2"所建数字化模型，结合相关知识，按任务书要求进行结构和功能创新设计，生成装配图及零件图。参赛选手结合设计任务要求编写设计方案说明书，采用文字结合图片的方式从设计方案的人性化、美观性、合理性、可行性、工艺性、经济性等方面描述创新设计的思路及设计结果。考核选手外观美化、结构优化、功能创新的设计能力。

（1）电动雕刻笔壳体设计

参赛选手利用预装好的建模软件，根据"任务2"完成的数字模型和给定的电动雕刻笔功能部件，结合产品结构、机械制图、数控加工等专业知识，按数控加工工艺、强度、装配等技术要求，进行电动雕刻笔壳体设计，输出装配工程图和零件工程图。

（2）便携套设计

参赛选手利用预装好的建模软件，根据上一步电动雕刻笔壳体设计结果和给定的电动雕刻笔功能部件，结合产品结构、人体工程学、3D打印等专业知识，按照3D打印工艺、强度、装配等技术要求，进行电动雕刻笔腰间便携套设计，皮带宽度35 mm，满足携带方便，配合紧密，走动、跑动时不得晃动，取用方便。

注意：

（1）选手提交便携套创新设计报告书，采用文字和图片结合形式，描述创新设计思路。要求逻辑性强，排版整齐美观。

（2）便携套创新设计报告书，应采用规范技术术语，言简意赅。符合创新设计说明要求。

（3）创新设计要充分利用竞赛赛场给定的条件和工具。

提交：

（1）电动雕刻笔虚拟装配源文件和"stp"格式文件，文件命名为"31zp"。

（2）电动雕刻笔装配工程图源文件和"dwg"格式文件，文件命名为"32zp"。

（3）电动雕刻笔壳体（正面）零件工程图源文件和"dwg"格式文件，文件命名为"331j"。

（4）创新设计报告书文件为"doc"格式文件，命名为"34cx"，文件不准作任何文字、记号、图案特殊标记，否则按违规处理。

提交位置：保存在U盘根目录一份，计算机D盘根目录下备份一份，其他地方不准存放。

分值指标分配见表7.3.3。

表 7.3.3　分值指标分配

指　　标	外观设计	结构设计	功能设计	图纸表达	创新说明
分　　值	6	8	6	9	6

评分标准：达到期待的优秀水平得满分；达到标准，且某些方面超过标准得2/3分；达到标准得1/3分；各方面均低于标准，包括"未作尝试"得0分。

任务 4　创新产品 3D 打印（25 分）

参赛选手根据"任务3"设计的电动雕刻笔便携套设计文件进行封装和打印参数设置，打印出样件。将打印好的样件进行去支撑、表面修整等后处理，以保证零件质量达到要求。考核选手增材制造工艺、3D打印设备打印操作，3D打印样件后处理能力。

分值指标分配见表7.3.4。

表 7.3.4　分值指标分配

指　标	完成度	表面粗糙度	尺寸精度
分　值	4	2	1

评分标准：达到期待的优秀水平得满分；达到标准，且某些方面超过标准得 2/3 分；达到标准得 1/3 分；各方面均低于标准，包括"未作尝试"得 0 分。

任务5　产品装配验证（5分）

参赛选手将加工得到的样件，与其他实物机构装配为一个整体，验证创新设计的效果。考核选手现场安装与调试能力。

验证一：

参赛选手利用现场给定的工具，根据"任务4"加工得到电动雕刻笔壳体、给定的电动雕刻笔功能部件，结合机械装配工艺知识，进行电动雕刻笔装配，实现电动雕刻笔使用功能。

验证二：

参赛选手利用现场给定的工具，根据"任务5"装配得到的电动雕刻笔装配体、"任务4"3D打印得到的便携套实体，结合机械装配工艺知识，进行便携效果验证，满足携带方便，配合紧密，走动、跑动时不得晃动，方便取用。

提交：完整装配件。

分值指标分配见表7.3.5。

表 7.3.5　分值指标分配

指　标	验证一	验证二
分　值	3	2

评分标准：达到期待的优秀水平得满分；达到标准，且某些方面超过标准得 2/3 分；达到标准得 1/3 分；各方面均低于标准，包括"未作尝试"得 0 分。

典型案例 4：拓扑优化 +SLM 成形增材制造比赛

指导手册

任务描述

当前，你收到一个金属 3D 打印任务，完成一个"支撑座"零件的制造。该支撑座是某电器元件中的一个零件，现要将该零件进行重新优化减重处理并完成打印制造，请结合以下要求完成零件的制造。

任务一：数字建模

1. 任务要求

请参赛选手使用赛场提供的工程图尺寸，完成零件的数字建模。完成任务后需要提交以下材料：

（1）三维建模原始数据格式文件命名为"A1-jianmo"。

（2）三维建模导出数据"stp"格式文件命名为"A1-tongyong"。

2. 提交位置

保存在计算机 D 盘，比赛新建文件夹，命名格式为"工位号 +A1"。

3. 评分标准

将选手提交的建模文件与赛场提供的工程图进行特征、尺寸比对，并由评分裁判根据评分标准来比对打分。

任务二：结构优化

1. 任务要求

建模文件结构优化。参赛选手选用计算机预装软件，利用"任务一"得到的数据文件，在保证目标产品符合实际工况需求的条件下，进行结构优化，完成整体减重 30% ~ 50%，并提供力学分析应力云图。

注意：

（1）不可以改变主体结构。

（2）配合面尺寸不可以作改变。

（3）有限元分析云图。

2. 提交材料

（1）结构优化后的三维建模原始数据文件命名为"A2-jianmo"。

（2）结构优化后的模型数据另存为"stp"格式文件，文件命名为"A2-tongyong"。

（3）导出的三角面片"stl"格式文件命名为"A2-mianpian"。

（4）结构优化后的应力云图存为"pdf"格式文件，文件命名为"A2-fenxi"。

3. 提交位置

保存在计算机 D 盘，比赛新建文件夹，命名格式为"工位号 +A2"。

4. 评分标准

选手创建的结构优化设计模型是否体现增材制造优势，是否设计合理减重方案（主观分 2 分）。三角面片完整性，有破面、重复面，一处扣 1 分（不允许修复三角面片），扣完为止。有无力学分析测试，力学分析是否达标，每件不达标扣 1 分，没有力学分析不得分。根据软件计算质量，零件减重 50% 以上得 4 分，45% ～ 50% 得 3 分，40% ～ 45% 得 2 分，30% ～ 40% 得 1 分，小于 30% 或没有减重不得分。

任务三: 3D 打印

1. 任务要求

根据"任务二"导出的零件的数字模型（stl 文件）进行支撑设计、3D 打印的切片处理、3D 打印轮廓和表面参数设置、打印前处理（装入金属粉末，安装调平基板、安装刮刀）并完成打印。

2. 提交材料

（1）添加支撑后的数字模型"stl"格式文件均命名为"A3-zhicheng"。

（2）3D 打印机的切片文件"slc/cli"，文件均命名为"A3-qiepian"。

3. 提交位置

保存在计算机 D 盘，比赛新建文件夹，命名格式为"工位号 +A3"。

4. 评分标准

选手摆放零件的位置是否合理，创建的打印支撑是否合理，零件摆放的高度、角度（包含成形角度以及与刮刀运动方向的角度）不合理逐项扣 1 分，多余支撑一处扣 1 分，扣完为止。3D 打印机打印前处理是否检查机器在正常工作状态（无报警不扣分，有报警自己可以解决不扣分），正确安装并调平基板、装刮刀和装入金属粉末，未调平基板扣 2 分，倒入金属粉末洒落到机器外面扣 1 分，未装粉扣 2 分。打印表面质量（主观 4 分），零件表面裂痕、球化、缺损，发现一处扣 1 分，扣完为止。打印尺寸测量办法根据 STP 模型中的 7 个尺寸进行对比测量，超差 ±0.1 不得分。

注意事项：

①赛场只提供简单的打磨和手动切割工具，不提供线切割设备，选手应考虑支撑设计方

便拆卸。

②所有任务均由选手独立完成（包括金属 3D 打印机的操作）。

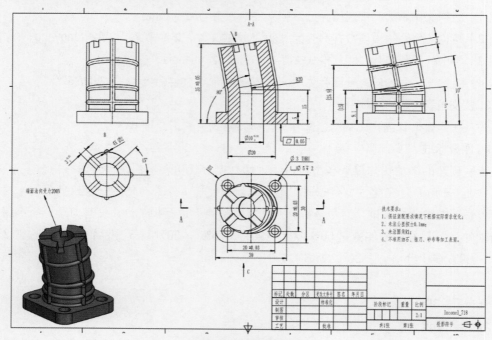

图 7.4.1 零件示意图

拓扑优化说明：

①图 7.4.1 为本次需完成制造的零件示意图。

②如图 7.4.1 所示，整体零件都可以设置为结构优化空间，在优化过程中应该考虑不改变零件的基本规格尺寸，不改变零件的使用性能。

③在不改变规格尺寸的情况下完成结构优化，减重效果为 50% 或以上为最佳。

规格尺寸：装配孔 $\phi 3$、装配孔定位尺寸，端面槽的宽度、深度，零件总高 35 mm 及平面度。

④支撑座中的内孔为导线孔，优化时不改变其直径。

⑤拓扑优化的参数请查阅"拓扑优化参数及测试方式说明"。

应提交的内容：

完成打印的零件（如提前完成打印，可接着进行后处理工作，将零件从基板拆除，提交打印零件即可；如未按时完成打印，将基板从设备上拆除后连基板一同提交）。

参考文献

[1] NOORANI R. 3D Printing[M]. London: Taylor and Francis; CRC Press，2017.

[2] 王广春 . 3D 打印技术及应用实例 [M]. 北京：机械工业出版社，2016.

[3] 刘静，刘昊，程艳，等 . 3D 打印技术理论与实践 [M]. 武汉：武汉大学出版社 , 2017.

[4] MURALIDHARA H B, SOUMITRA B. 3D Printing Technology and Its Diverse Applications[M]. Apple Academic Press，2021.

[5] 赵圆圆，罗海超，梁紫鑫，等 . 光聚合微纳 3D 打印技术的发展现状与趋势 [J]. 中国激光，2022，49（10）：330-359.

[6] 张超宇，庄康乐，张锡栋，等 . 3D 打印技术在心脏外科教学中的应用 [J]. 安徽医专学报，2022（2）：115-117.

[7] 王赞，王浩，李德玲，等 . 数字光处理生物 3D 打印技术在医学上的应用发展 [J]. 数字印刷，2022（2）：14-22.

[8] 陈扬铭 . 3D 打印技术在胸腔镜肺段切除术中的应用 [D]. 福州：福建医科大学，2021.

[9] 钟振宁 . 3D 打印技术在传统工艺品生产中的应用 [D]. 广州：广东工业大学，2020.